SANDRA BRUNS | ANETT SEIDENSTICKER

GASSI
TRAINING

Erziehung und Spiele für unterwegs

KOSMOS

INHALT

112 Hundebegegnungen und andere Verlockungen

132 Service

ALLER ANFANG
ist Theorie

EIN WENIG MUSS MAN SCHON WISSEN, ÜBER DAS LERNEN UND
DAS LEHREN. WEIL HUNDE ABER BESONDERS GUT DARIN SIND, MIT
DEM MENSCHEN ZUSAMMENZULEBEN, WIRD UNS UND UNSEREM
SCHÜLER VIELES LEICHTFALLEN. AM BESTEN FUNKTIONIERT DAS
LERNEN MIT POSITIVER BESTÄRKUNG, DENN HUNDE LERNEN GERN
UND SUCHEN FAST IMMER NACH ANERKENNUNG UND AUFGABEN.

Wie lernt Ihr Hund?

Hunde lernen über Erfolg und Misserfolg. Bei der Hundeerziehung ist es wichtig, das erwünschte Verhalten häufig zu bestärken. Unerwünschtes Verhalten sollte effektiv verhindert werden.

VERHALTEN BEEINFLUSSEN

LERNEN FINDET IMMER STATT

Wenn Hunde nur in der Hundeschule konsequent trainiert werden, lernen sie am Ende nur eines. Nämlich dass es in der Hundeschule immer sehr aufregend ist und sie viel Aufmerksamkeit bekommen. Das bedeutet Stress und behindert das Lernen. Das Training wird hierdurch uneffektiv und für Mensch und Hund frustrierend. Damit dies nicht passiert, trainieren Sie mit Ihrem Hund auch zu Hause und bei den Gassigängen regelmäßig und konsequent.

Schauen wir uns beispielsweise das Gehen an der Leine an: Schnuffis Herrchen stand im Stau und kommt zu spät zur Hundeschule, der Kurs hat schon begonnen. Er holt den Hund aus dem Auto und stolpert hastig hinter seinem wild zur Eingangstür zerrendem Hund her. Auf dem Trainingsgelände soll er nun aber ganz gesittet an lockerer Leine folgen … Schnuffi hat gelernt, außerhalb der Hundeschule die Führung zu übernehmen, drinnen wird er frustriert, weil er mit seinem Zerren an der Leine nicht vorankommt.

Ein tägliches Beispiel ist das Anspringen von Menschen: beim Nachhausekommen wird der hochspringende Hund geknuddelt und herzlich von seinem Menschen begrüßt. Trifft er nun beim Gassigang einen Bekannten, wird er das bekannte „Hallo!" auch als Einladung verstehen und versuchen, den fremden Menschen anzuspringen. Manchmal ist das gar nicht weiter schlimm, weil der Hundefreund sagt: „Ist schon gut, bist ein Feiner!" Manchmal trifft man aber auch einen Bekannten im Business-Outfit, und das bei Matschwetter.

Um solche Ärgernisse oder uneffektiven Trainingswege zu vermeiden, ist es wichtig, auch in Alltagssituationen nur das erwünschte Verhalten zu belohnen. Dabei muss man seinen Blick auf den Hund ständig wachhalten und das eigene Verhalten selbst gut reflektieren. Am besten ist es, wenn alle Menschen, die mit dem Hund umgehen, die gleichen Rituale und Regeln befolgen.

ABLENKUNG VERSUS AUFMERKSAMKEIT

Manchmal träumen wir von diesem Wunderhund, der jederzeit bereitwillig das macht, was wir sagen. Der immer aufmerksam und fleißig ist, ohne dabei aufdringlich zu sein. Dass dies für viele ein Traum bleibt, liegt daran, dass Hunde ihre eigenen Interessen haben. Die Tugenden Gehorsam und Zusammenarbeit

BEIM GASSIGANG sind gegenseitige Rücksicht und vorausschauendes Handeln wichtig, um den Hund zu kontrollieren.

mit dem Menschen treffen besonders auf dem Gassigang häufig auf ihren Gegenspieler, die Ablenkung. Diese Ablenkung können andere Hunde oder Menschen sein, jagdbare Tiere oder millionenfache Gerüche und Geräusche, die den Hund interessieren. Manche Hunde bekommen dabei sogar einen regelrechten „Tunnelblick". Man denke nur an den Rüden, der auf die Geruchsspur einer läufigen Hündin trifft und ihr sehnsüchtig und von seinen Hormonen getrieben folgen muss. Da wird das Rufen seines Menschen zum störenden Hintergrundgeräusch und der Zweibeiner wird wütend oder frustriert. Auch jagende Hunde, z. B. Mäusebuddler, Hasenhetzer oder Vogelfänger, sind schnell dabei, ihren angeborenen Jagdinstinkt lieber auszuleben, als „brav" zu sein.

Um als Mensch mit den Reizen der Umwelt erfolgreich zu konkurrieren, brauchen wir einige Tricks und Kniffe, damit der Hund uns trotzdem wichtig findet und kooperiert. Dazu gehört zuerst einmal das Bewusstsein für die Ablenkungen in der jeweiligen Situation. Denn nur wenn wir damit rechnen, dass der Hund eine Sache wichtiger finden könnte als uns, können wir diese Gegenmaßnahmen ergreifen.
Gegen Ablenkungen kann man erst einmal vorausschauend gegensteuern und den Hund an der Leine davon abhalten und aus der Situation herausnehmen. Sprich: Der Rüde wird einen anderen Spazierweg nehmen als die läufige Hündin. Oder wir können durch Training versuchen, die Ablenkung durch eine andere

Motivation zu übertrumpfen. Heißt: Der Mäusebuddler wird auf der durchlöcherten Wiese mit der Suche nach Leckerli oder einem Futterdummy trainiert.

DAS RICHTIGE TIMING

Wenn man im Hundetraining erfolgreich sein will, ist das richtige Timing am allerwichtigsten. Dabei muss man wissen, dass Hunde eine Reaktion auf ihr Verhalten nur in dem aktuellen Moment, also im Sekundenbereich zuordnen können. Schauen wir uns Belohnungen an: Das Leckerli bekommt der Hund bei der Übung „Sitz", wenn er sitzt, nicht wenn er aufsteht oder gar hochspringt. Beim „Bleib" gibt es die Belohnung, wenn der Hund geblieben ist und sein Halter aus der Entfernung zu ihm zurückkommt. Aber auch außerhalb von „Übungen" ist das richtige Timing wichtig. Wenn der Hund trotz Verbots weggelaufen ist und danach in geduckter Haltung unterwürfig zu uns zurückkommt, darf er nicht mehr gestraft werden. Nein, er zeigt kein schlechtes Gewissen und weiß nicht genau, was er falsch gemacht hat! Hunde können sich nicht an eine bereits zurückliegende Tat erinnern, sondern lernen hierdurch nur, dass das Zurückkommen bestraft wird oder ihr Mensch manchmal gefährlich ist.

Wichtig wäre hier, den Hund im Ansatz des Weglaufens zu stoppen, beispielsweise mit einer Schleppleine. Durch vorausschauendes Aufnehmen der Leine oder Darauftreten kann der unerwünschte Spurt verhindert werden.

Wenn man an Problemsituationen arbeitet, muss man in vielfacher Hinsicht ein gutes Timing haben. Nehmen wir uns als Beispiel einen Hund, der Rad-

HOBBYSCHNÜFFLER kann man unterwegs mit Suchaufgaben beschäftigen.

fahrer anbellt und sie verfolgt. Er muss bereits angeleint sein, wenn ein Radfahrer in Sicht kommt. Der Hund muss dann frühzeitig dicht neben seinen Menschen gerufen werden und dort ins „Sitz" und „Schau" gebracht und belohnt werden, wenn der Radfahrer vorbeifährt. Dabei wird man als Zweibeiner ganz schön gefordert, auf lange Sicht aber belohnt, weil der Hund ein erwünschtes Verhalten immer zuverlässiger zeigen wird. Wenn er allerdings bei jedem zweiten Radfahrer wieder in der Leine steht und bellt, wird sich nichts ändern. Um dies zu verhindern, sollte man beim Auftauchen eines Radfahrers möglichst genug Abstand einhalten, den Hund ablenken, abschotten oder eine Übung machen lassen.

ENTSPANNT WARTEN Ein Hund, der gelernt hat, entspannt zu warten und auch seinem Menschen Zeit zum Entspannen lässt, ist ein angehmer Begleiter.

LERNFÄHIGKEIT

Damit er etwas lernen kann, muss der Hund sich konzentrieren können. Warum dürfen beispielsweise Hündinnen während der Läufigkeit nicht in die Hundeschule kommen? Weil sie selbst meist etwas „durch den Wind" sind und auch die männlichen Mitschüler vom Lernen abhalten würden. Aber nicht nur hormonell bedingt, wie es beispielsweise auch Junghunde in der Pubertät oft trifft, sind Hunde in bestimmten Situationen nicht konzentriert. Eine gute Lernfähigkeit setzt voraus, dass der Hund nicht hoch erregt, ängstlich oder gestresst ist. Auch starke Frustration ist kein guter Lehrmeister. Hingegen können Hunde beim Gassigang auch mit leichter Aufregung, positivem Stress und milder Frustration meist noch gut trainiert werden. Allerdings gibt es

hier individuell sehr große Unterschiede. Während der eine Hund in der Nähe einer Straße noch super mitarbeitet, kann ein anderer schon versuchen wegzulaufen, weil er Angst vor Lastwagen hat. Um erfolgreich zu trainieren, ist es deshalb so wichtig, den eigenen Hund richtig einzuschätzen und die Lernfähigkeit im Training zu erhalten.

Tipp

Durch kurze Übungen, die nur wenige Minuten dauern, und häufige Pausen kann man versuchen, für den Hund schwierige Situationen zu erleichtern. Außerdem hilft oft ein größerer Abstand zum ablenkenden Reiz, um die Konzentration wiederherzustellen.

FÖRDERN ODER HEMMEN?

MAN BEKOMMT, WAS MAN BESTÄRKT

Stellen Sie sich vor, Sie haben einen Hund, der auf dem Gassigang nur noch neben Ihnen „Bei Fuß" geht und Sie ständig anbettelt, ihn zu beschäftigen oder mit ihm zu spielen. Er interessiert sich weder für andere Hunde noch fürs Schnüffeln. Manch einer mag jetzt denken: „Das ist doch ein Traumhund!" Wer aber selbst solch einen Workaholic besitzt, weiß um die Nachteile. Solche Hunde sind unter Dauerspannung und setzen ihre Menschen unter Druck. Sie haben gelernt, dass ihre Forderung nach Beschäftigung erfüllt wird, wenn sie nur lange genug nachfragen.

Ganz anders geht es denen, die drei Kreuze im Kalender machen, wenn der Hund mal auf seinen Namen hört. Sicherlich ist es zum einen eine Frage des Alters – soll heißen: junge Hunde sind oft weniger orientiert als erwachsene. Zum anderen ist es eine Frage der genetischen Anlagen bzw. der Rasse: Arbeitsrasse oder Couch-Potato. Aber ganz unabhängig davon ist es entscheidend, welches Verhalten wir fördern und welches wir hemmen.

Fördern heißt bestärken: Der Hund hat mit einem Verhalten Erfolg. Hemmen heißt etwas nicht zulassen: Der Hund hat mit einem Verhalten keinen Erfolg.

EIN BEISPIEL Uns stört, dass der Hund so verrückt wird, wenn wir den Ball in der Tasche haben. Werfen wir nun den Ball, wenn der Hund uns dazu auffordert, wird er dies auch in Zukunft aufdringlich tun. Geben wir ihm den Ball aber nur, wenn er sich zurückhält, und rufen ihn heran, wenn er gerade schnüffelt, lernt er, dass er keinen Einfluss auf den Zeitpunkt des Spiels hat.

Damit wir im Alltag das beste Trainingsziel erreichen, müssen wir uns darüber klar sein, was wir fördern und was wir hemmen wollen. Die Definition für „erwünscht" und „unerwünscht" ist im Detail von entscheidender Bedeutung. Nehmen wir uns beispielsweise vor, dass unser Hund nicht einfach so zu fremden Hunden oder Menschen rennen soll, um diese zu begrüßen. Hierzu müssen wir den Moment, in dem der Hund sich von uns entfernen will, beeinflussen. Indem wir das Dableiben belohnen und uns für den Hund genau in diesem entscheidenden Moment interessant machen, können wir „braves" Verhalten fördern. Ein kurzes Innehalten und „Nachfragen" über Blickkontakt zu uns ist der Anfang, manchmal kann der Hund dann als

SELBSTBEHERRSCHUNG beim Ballspiel ist viel wert.

Belohnung sogar den anderen Hund begrüßen. Ist dies nicht möglich, muss er an der Leine mit seinem Menschen etwas Schönes machen: fressen, Such- oder Zergelspiele.

VERSTECKTE BELOHNUNGEN ENTTARNEN

Unbewusst verstärken wir manche unerwünschte Verhaltensweise: Ein Hund, der anspringt, wird mit Händen abgewehrt, angeschaut und angesprochen. Damit bekommt er, was er will, nämlich die volle Aufmerksamkeit.

Manchmal haben wir Belohnungen aber auch gar nicht im Griff. Die Rede ist von selbstbelohnenden Verhaltensweisen, die Hunden einfach Spaß machen oder irgendein inneres Bedürfnis befriedigen. Hierzu gehören Verhaltensweisen wie z. B. Bellen, Anspringen, Jagen, herumliegenden Müll fressen, An-der-Leine-Ziehen. Alle diese Verhaltensweisen sind in sich selbstbelohnend, d. h., auch wenn wir sie ignorieren, wird der Hund dadurch bestärkt und wird es wieder tun oder es zumindest immer wieder versuchen. Es zu hemmen, indem wir es verhindern, würde bedeuten, dass wir jedes Bellen, Anspringen, Jagen, Müllschlucken im Ansatz effektiv verbieten. Viel Spaß beim Hinterherlaufen, der Hund wird leider meist schneller sein. In solchen Fällen bleibt uns erst einmal nur ein geschicktes Management, d. h., wir müssen frühzeitig die „Gefahr" wittern und den Hund anleinen oder ablenken. Auf lange Sicht kann gegen viele dieser (für uns) unschönen Hobbys ein anderes Verhalten trainiert werden. Hierzu gibt es in diesem Buch viele Trainingsideen.

ÜBEN, ÜBEN, ÜBEN

STETER TROPFEN…

Ein Hund lernt in jeder Situation und ein Leben lang. Welches Verhalten er in Zukunft einsetzt, liegt ganz an der „Gewohnheit". Ein Hund, der über lange Zeit seine Menschen an der Leine hinter sich hergezogen hat, wird dies nicht lassen, wenn wir ihm stattdessen ein Leckerchen vor die Nase halten oder eine Woche lang jedes Ziehen korrigieren. Es dauert und dauert und man braucht einen langen Atem.

Dies gilt für viele Verhaltensweisen, die einfach zur Gewohnheit werden, z. B. bei Hunden, die beim Anblick eines anderen Hundes bellen, bei Anspringen in Begrüßungssituationen, Bellen im Auto.

BUDDELN ist das größte Hobby vieler Hunde – dafür lassen sie auch mal ihren Menschen abblitzen.

BELLEN Damit Bellen in dieser Situation nicht zur Gewohnheit wird, sollte ein Ersatzverhalten trainiert werden.

Das Abtrainieren dieser Unarten klappt nicht im Schnellverfahren. Selbsternannte „Hundeflüsterer" zischen und stupsen zwar medienwirksam, aber nur weil im Schneideraum der Fernsehsender Illusionen erzeugt werden. Den sofort verfügbaren „Aus"-Knopf am Hund gibt es in Wirklichkeit leider nicht. Stattdessen braucht man im Hundetraining gute Nerven und Geduld: Je ungeduldiger der Hund ist, desto geduldiger und ausdauernder sollte sein Mensch sein. Denn am Ende gilt auch im Hundetraining: „Steter Tropfen höhlt den Stein!"

Auch uns hängen oft alte Gewohnheiten an: beispielsweise ein Kommando zu geben, das der Hund nicht umsetzt oder umsetzen kann; einem Kommando kein Ende zu geben, sodass der Hund es selbst beendet, z. B. bei „Sitz" oder „Platz".

Je regelmäßiger und konsequenter wir also darauf achten, die Trainingsaufgabe zu bewältigen, desto mehr wird es für Mensch und Hund zur Gewohnheit und damit Selbstverständlichkeit. Für ein erfolgreiches Training mit dem Hund ist es wichtig, auch in Alltagssituationen wie dem Gassigang stetig daran zu feilen, dass gutes Verhalten zur Gewohnheit wird.

KLEINE SCHRITTE

Aus den zuvor erwähnten alten Gewohnheiten kommt man am besten heraus, wenn man sich ganz bewusst erreichbare Ziele setzt und nicht alles auf einmal ändern will. Ein Hund, der regelmäßig andere Hunde anbellt, kann zuerst einmal lernen, dies im Sitz zu tun, statt an der Leine zu zerren. Wenn er durch die „Sitz"-Position ruhiger wird, kann man meist besser seine Aufmerksamkeit erlangen. Aber auch im Alltagsgehorsam spielt es eine große Rolle, unter welcher Ablenkung man etwas trainiert. „Sitz" zu Hause ist etwas ganz anderes als „Sitz" neben anderen Hunden, erst recht, wenn man dies im Stadtzentrum abverlangt. Würden Sie ein Gedicht am Hauptbahnhof auswendig lernen? Deshalb sollte man im Hinblick auf die Ablenkung immer in kleinen Schritten vorangehen. Ablenkung können Geräusche, Gerüche, Menschen und andere Tiere und unbekannte Dinge oder Orte sein.

Je größer die Ablenkung, desto besser muss die Übung in weniger aufregenden Situationen klappen. Beispielsweise kann die Übung „Bei-Fuß"-Gehen unter steigender Ablenkung nur klappen, wenn der Hund die Kommandos und Sichtzeichen vorher in Ruhe lernen konnte und die Übung zu Hause und an anderen ruhigen Plätzen zuverlässig ausführt.

TRAININGSTAGEBUCH

„Wer schreibt, der bleibt!", sagt ein Sprichwort. Und auch im Hundetraining kann es sinnvoll sein, aufzuschreiben, was man wie und in welcher Reihenfolge trainieren möchte. Der Vorteil: Das Training wird übersichtlicher und besser strukturiert. Ganz oben sollte das Trainingsziel beschrieben werden. Dann bekommt die Aufgabe Hand- und Hörzeichen zugewiesen. Das Training wird in verschiedene Schritte und Situationen unterteilt. Außerdem ist es schlau, den jeweiligen Übungsschritten die passenden Belohnungen zuzuordnen und ungewollte selbstbelohnende Effekte zu erkennen.

BELOHNEN Auch wenn das Fußgehen in der bekannten Wohngegend schon gut klappt...

...sollte der Hund in ablenkungsreichen Situationen noch häufig belohnt werden.

Trainingstagebuch

EIN BEISPIEL	„BEI-FUSS"-GEHEN IM ALLTAG
TRAININGSZIEL	Im Abstand von maximal 1 Meter neben dem Menschen gehen und häufig Blickkontakt zum Menschen aufnehmen.
HANDZEICHEN	angewinkelter Arm
HÖRZEICHEN	„Fuß"
SCHRITT 1	Hund parallel neben dem Bein ausrichten.
SCHRITT 2	Hund parallel neben dem Bein und Hochgucken provozieren.
SCHRITT 3	Hund geht neben dem Bein und schaut hoch.
SCHRITT 4	Hund geht neben dem Bein und schaut dabei durchschnittlich hoch a) 5 Sekunden, b) 7 Sekunden, c) 10 Sekunden.
SCHRITT 5	Machen Sie diese Übung angeleint a) auf dem Gehweg, b) in der Nähe fremder Menschen, c) in der Nähe fremder Hunde.
SCHRITT 6	Machen Sie diese Übung auch ohne Leine a) auf dem Gehweg, b) in der Nähe fremder Menschen, c) in der Näher fremder Hunde.
BELOHNUNG:	Loben, „Fein", wenn der Hund (lange genug) hochschaut und danach Leckerchen geben; für Situationen mit starker Ablenkung (z. B. fremde Menschen und Hunde) Belohnung mit Clicker und Superleckerli (z. B. Käse- oder Wurstwürfelchen). Ungewollte Belohnung in der Übung: Hund springt hoch, leckt oder schnüffelt an der Leckerlihand, schnüffelt am Boden.

Da jeder Hund unterschiedliche Interessen hat, müssen die Ablenkungsschritte und die Belohnungen (Häufigkeit, Qualität) individuell angepasst werden.
Beispielsweise fällt es dem einen Hund leicht, im „Fuß" zu bleiben, wenn fremde Hunde vorbeigehen; er schafft den Blickkontakt beim „Fuß" aber nicht, wenn ein Pferd auftaucht. Bei anderen verhält es sich umgekehrt. Dementsprechend müssen die Schritte in unterschiedlicher Reihenfolge trainiert werden.

EINE ÜBUNG für den Menschen – drei Übungen für den Hund: „Sitz" vor seinem Menschen

DER KONTEXT

HUNDE LERNEN IN BILDERN

Genauso wie Hunde unsere Körpersignale erkennen und interpretieren, werden auch Trainingssituationen abgespeichert. Ein Beispiel: Ein Hund wartet vor dem Suchspiel im „Sitz", während man sein Spielzeug versteckt. Danach wird er mit „Such" losgeschickt. Wenn der Ball nun zufällig verloren geht, weiß der Hund nicht, was er bei „Such" tun soll. Ihm fehlt das Ritual, dass er seinem Menschen beim Verstecken der Dinge zusieht. Ähnlich ist es, wenn man dem Hund immer frontal zugewandt ein Kommando wie „Sitz" gibt. Dann funktioniert es nicht, wenn man dies abgewandt, mit dem Rücken zum Hund verlangt. Damit die Kommandos in Zukunft aber überall und zuverlässig klappen, müssen die Situationen vielfältig und variabel trainiert werden.

SITUATIONEN SCHRITTWEISE VERÄNDERN

Zu große Schritte sind für Hund und Mensch im Training oft frustrierend. Der Hund weiß nicht, was er machen soll, weil er zu abgelenkt ist oder die typischen Rituale und Signale fehlen. Oft wird für den Hund „Futter in der Hand" zum Zeichen für das Ausführen einer Übung. Der Hund führt die Übung aber nur dann aus, wenn er Futter sieht. Nehmen wir beispielsweise die Übung „Platz": Anfangs locken wir den Hund mit Leckerchen in diese Position. Wenn er sich ins „Platz" locken lässt, wird das Futter plötzlich weggelassen und der Hund sieht aus seiner Sicht keinen Sinn mehr darin, dem Handzeichen zu folgen. Damit die Übungen auch ohne Futter in der Hand klappen, muss man ein paar Tricks kennen. Der Hund muss lernen, dass er auch dann eine Belohnung bekommt, wenn er das Futter vorher nicht gesehen hat. Dies kann beispielsweise durch geschicktes Verstecken des Leckerchens erreicht werden. Durch Loben und schnelles Belohnen aus der anderen Hand (nicht aus der Handzeichenhand) kann der Hund nun lernen, dass es nicht darauf ankommt, dem Futter zu folgen, sondern dem Kommando (Sicht- und Hörzeichen). Erst wenn das klappt, kann man anfangen, nicht mehr jede Übung mit Futter zu belohnen.

DIE PASSENDE GASSIROUTE

Damit die Zusammenarbeit gelingt und der Hund sich auf die Übungen konzentrieren kann, sollte man mit dem Training am richtigen Ort beginnen. Dies gilt vor allem für die ersten Schritte einer Übung. Hunde, die Angst vor lauten Geräuschen

„Sitz" neben seinem Menschen

„Sitz" hinter seinem Menschen

haben, werden neben einer stark befahrenen Straße keine „Schau"-Übung machen, sie wollen einfach weg von dort. Wenn der Hund das Anschauen seines Besitzers allerdings durch schrittweises Training zuverlässig und gern ausführt, kann es sogar seine Angst vor lauten Geräuschen vermindern, weil er sich dann in der Übung wohlfühlt.

Die richtige Gassiroute spielt aber auch dann eine Rolle, wenn Hunde sich durch ihre Umwelt gern hinreißen lassen.

Ein Hund, der Hasen hetzt, sollte nicht auf einem Acker Ball oder Frisbee spielen. Denn allzu schnell wird der aus der Ackerfurche hochschießende Hase die Frisbeescheibe oder den Ball übertrumpfen.

Junge Hunde mit dem Namen „Der will nur spielen!" können im Freilauf nicht lernen, was das Kommando „Hier!" heißt, wenn unterwegs hinter jeder Kurve ein Hund auftaucht.

INDIVIDUELLE SCHWIERIGKEITS-GRADE FESTLEGEN

Als Hundehalter sollte man die Stärken und Schwächen seines Hundes gut kennen, um diese im Alltag vorausschauend nutzen zu können. Ein Hund, der dazu neigt, in bestimmten Situationen zu bellen – beispielsweise gegenüber anderen Hunden –, macht dies oft schon aus Gewohnheit. Das kann man verhindern, indem er stattdessen seinen Lieblingsball trägt oder an einem Seil zerrt.

Dem Hund auf diese Weise „das Maul zu stopfen" klappt anfangs meist noch nicht auf kurze Distanz. Wenn man aber beim Auftauchen des anderen Hundes ein Zergelspiel macht und ausreichend Abstand hält, kann man das Bellen erfolgreich verhindern. Solange der Hund am Zergelspielzeug ruhig ist, kann man die Distanz zum Kontrahenten bei zukünftigen Begegnungen von Mal zu Mal verringern.

Motivation zur Mitarbeit

Entscheidend für die Motivation ist, dass der Hund erkennt, dass er über die Kooperation mit seinem Menschen an die schönen Dinge des Lebens gelangt – und dies nicht nur wegen der „Bezahlung".

BELOHNUNGS-MÖGLICHKEITEN

Damit der Hund zu einem motivierten Mitarbeiter wird, muss er entsprechend belohnt werden. Es leuchtet ein, dass eine freudige Mitarbeit nicht durch die Androhung von Strafen entsteht. Kümmern wir uns also um die passende

Belohnungsmöglichkeit, die je nach Hund und Situation unterschiedlich ist. Belohnungen sind alle Dinge oder Situationen, die der Hund mag. Praktisch sind Futterbelohnungen, wie Trockenfutter oder Superleckerli (z. B. kleine Käsewürfel). Aber auch viele Spielzeuge eignen sich als hervorragende Belohnungsobjekte. Neben diesen „materiellen" Dingen können auch bestimmte Situationen als Belohnung eingesetzt werden: beispielsweise nach einem schnellen Kommen auf Ruf den Hund sofort wieder laufen zu lassen oder den Hund nach einem guten „Fuß-Gehen" schnüffeln zu schicken.

Hingegen sind manche gut gemeinten Belohnungsabsichten, wie z. B. das Streicheln über den Kopf, Klopfen oder Knuddeln für viele Hunde eher abschreckend oder bestrafend, weil diese eher als Dominanzgeste empfunden werden.

FUTTER, SPIELZEUG, FUTTERDUMMY

Im Schlaraffenland liegen alle träge herum und lassen sich die Sonne auf den Bauch scheinen. Im realen Leben muss jedes Lebewesen etwas für seinen Lebensunterhalt tun. Nun ist es so, dass manche Hunde im Schlaraffenland leben, während andere den Eindruck

SITZ vor dem Ableinen wird mit Freilauf belohnt.

SCHNÜFFELPAUSEN im Training motivieren und entspannen gleichzeitig.

erwecken, sie würden fast verhungern. Mit beiden kann man schlecht zusammenarbeiten: Während der Schlaraffianer sich für keinen Leckerbissen der Welt anstrengen wird, kann der am Hungertuch Nagende sich vor lauter Habenwollen nicht konzentrieren.

Durch gezielte Zuteilung von wichtigen Dingen (sogenannten Ressourcen) können wir die Mitarbeitsfähigkeit unserer Hunde verändern. Das bedeutet: Schluss mit dem stets gefüllten Futternapf, Wegschließen der beliebtesten Spielzeuge und Weggucken, wenn der Hund nach Aufmerksamkeit bettelt. Jetzt werden wir und unsere Währung interessant! Futter, Futterdummy und Spielzeug nehmen wir ab heute mit auf den Gassigang zum gemeinsamen Erarbeiten.

ANDERE BELOHNUNGEN – SCHNÜFFELN, LAUFEN, SOZIALKONTAKT

Wenn ein Hund etwas haben möchte, kann man es auch als Motivator einsetzen. Je besser der Hund motiviert ist, desto besser wird er sich auf die Übung konzentrieren. Außer den üblichen Belohnungen durch Futter, Spielzeug oder Futterdummy gibt es viele weitere Belohnungsmöglichkeiten. Ein Hund, der gern rennt, kann beispielsweise damit belohnt werden, nach einer erfolgreichen Übung schnell wieder laufen zu dürfen. Oder ein Rückruf aus dem Spiel mit anderen Hunden wird damit gefördert, dass der Hund schnell wieder zu seinen Spielfreunden flitzen darf. Auch das Schnüffeln ist fast für jeden Hund eine

EIN GEWORFENES SPIELZEUG motiviert viele Hunde zum schnellen Herankommen.

Motivation. Eine tägliche Einsatzmöglichkeit ist es, den Hund nicht zu einem Baumstamm mit Pipimarkierungen ziehen zu lassen, um dort zu schnüffeln, sondern eine lockere Leinenführigkeit abzuwarten. Auch beliebte Übungen können als Belohnung eingesetzt werden. Einen Hund, der gern über Baumstämme hüpft, kann man damit beispielsweise für eine „Sitz"-Übung belohnen. Außer den bisher genannten gibt es noch viele weitere Belohnungsmöglichkeiten für Hunde.

WELCHE BELOHNUNG FÜR WELCHE SITUATION?

Ob eine Belohnung für eine bestimmte Trainingssituation geeignet ist, hängt davon ab, ob sie gut einsetzbar ist. Ein Beispiel: Bei einem Hund, der lernen soll, an lockerer Leine zu gehen, ist es kontraproduktiv, ihn mit einem geworfenen Spielzeug zu belohnen. Allerdings könnte man einen Spielzeugfan dabei mit einem Zerrspiel überraschen.

Bei der Planung eines Trainings sollte man daher auch immer überlegen, welche Belohnung sinnvoll ist. Grundsätzlich gilt: Je ruhiger ein Hund in der Übung sein soll, desto ruhiger sollte die Belohnung sein. Hierzu gehören z. B. alle „Bleib"-Übungen, die anfangs mit Futter belohnt werden sollten. Kommt es aber auf Schnelligkeit in den Übungen an, können auch entsprechend zackige Belohnungen eingesetzt werden. Ein schnelles Heranlaufen beim „Hier" kann auch gut mit einem geworfenen Ball belohnt werden.

Der hört jedes Wort – nur verstehen tut er es nicht

Der Erziehungserfolg des Hundes hängt fast ausschließlich vom Menschen ab. Deshalb müssen wir Zweibeiner uns mit der Hunde-sprache und dem Lernverhalten unserer Vierbeiner auskennen.

ERFOLGREICHE KOMMUNIKATION

HUNDESPRACHE / MENSCHENSPRACHE

Hunde teilen sich hauptsächlich durch ihre Körpersprache mit, Menschen hin-gegen über das gesprochene Wort. Um sich zu verständigen, müssen wir zwi-schen beiden Arten der Kommunikation eine Brücke schlagen: Der Mensch lernt die Körpersignale des Hundes, setzt seine eigene Körpersprache bewusst ein und der Hund lernt die Worte des Menschen. Wenn wir die Körpersprache des Hundes erkennen, können wir auch die Emotio-nen unseres Hundes einschätzen. Dies ist auch für gute Trainingsbedingungen wichtig, denn Angst, Aggression und Überforderung blockieren das Lernen. Wenn wir Menschen mit Hunden spre-chen, tun wir das oft, weil sie so gut zu-hören können und nicht widersprechen. Hunde haben in diesen Situationen ein feines Gespür für die Stimmung ihrer Menschen, verstehen aber natürlich nicht „jedes Wort". Um Hunden die Bedeutung menschlicher Worte beizubringen, müssen wir diese im Training inhaltlich über-setzen. Sie assoziieren mit unseren Worten Handlungen oder eine Handlung zusammen mit einem Gegenstand. Beim Wort „Sitz" lernen sie das Hinsetzen und bei „Ball" suchen sie nach diesem.

BEFEHLE, KOMMANDOS, ZEICHEN, SIGNALE

Wenn wir dem Hund eine Übung ab-verlangen, muss er verstehen, was wir von ihm wollen. Diese Informationen bekommt er von uns über Hör- und Sichtzeichen, deren Bedeutung er erst lernen muss.

KÖRPERSPRACHE Mit unserer Körpersprache können wir dem Hund wertvolle Hilfen geben.

DAMIT EIN KOMMANDO wie „Platz" zuverlässig ausgeführt wird, sollte es in verschiedenen Situationen trainiert werden.

DAS CODIEREN – DAMIT WIR UNS VERSTEHEN

Die Voraussetzung für das Erlernen eines Kommandos ist, dass der Hund die Übung bereits ohne Worte ausführen kann. Ein einfaches Beispiel hierfür ist die Übung „Sitz": Zuerst lernt der Hund ein Handzeichen kennen, beispielsweise einen hochgestreckten Zeigefinger. Viele Hunde setzen sich automatisch, wenn man sie zusätzlich mit Futter oder Spielzeug motiviert. Um neben dem Handzeichen auch das Hörzeichen („Sitz") beizubringen, sagt man dieses Wort kurz vor dem Heben des Zeigefingers. Nun wird der Hund nur noch belohnt, wenn er sich auf das Hochstrecken des Fingers hin oder das Wort „Sitz" setzt.

GENERALISIEREN – DAMIT ES ÜBERALL KLAPPT

Damit das Verhalten sich festigt, muss es häufig trainiert werden. Am besten erarbeitet man die Grundlage der Übungen zu Hause. Da die Ablenkung dort am geringsten ist, wird der Hund das Verhalten sicher ausführen. In dieser ersten Trainingsphase baut man dem neuen

Kommando ein sicheres Fundament, indem man die Übung ganz häufig ohne Ablenkung wiederholt. Erst in der zweiten Stufe werden die Übungen beim Gassigang und unter verschiedenen Alltagsablenkungen trainiert.

DIE KONKURRIERENDE BELOHNUNG

Der Jäger und Sammler ist unterwegs mit seinem Raubtier und sie versuchen ein gutes Team zu sein. Gerade dann, wenn wir Menschen unterwegs mal entspannen und nur „Sammler" sein wollen, schaltet der Hund einen Gang höher und seine Raubtierinstinkte verleiten ihn...

DER LIEBE ALLTAG

Ehrlich gesagt, ist es immer eine riesige Herausforderung, die Übungen auf dem Gassigang einzubauen. Denn draußen findet das echte Leben statt, nicht alles läuft nach Plan: freilaufende Hunde, die unser Training stören; Radfahrer, die den Hund fast anfahren; der Geruch von frischen Kaninchenkötteln etc. Nicht selten werden Hund oder Mensch dadurch unkonzentriert.

Allerdings gäbe es dieses Buch nicht, wenn gerade dieses „Draußentraining" nur zufällig funktionieren würde. Man muss schon aufpassen, dass die Übungen nicht durch unvorhergesehene Ereignisse „kaputt gemacht werden".

Erfolgreiches Training findet dann statt, wenn der Ablenkungsgrad durch die Umgebung und die Anforderungen an die Übung nur schrittweise gesteigert wird. Eine Faustregel besagt, dass das Trainingslevel passt, wenn der Hund vier von fünf Übungen richtig ausführt. Ein Beispiel: Die Übung „Fuß" funktioniert, wenn man sie allein auf einer Wiese übt, aber nicht, wenn dort ein anderer Hund einen Ball geworfen bekommt. In diesem Fall sollte man versuchen, die Übung spannender zu machen, beispielsweise indem der Hund schneller oder besser belohnt wird. Wenn dies nicht gelingt und auch ein größerer Abstand nicht hilft, ist es manchmal nötig, die Übung abzubrechen.

Info

MISSERFOLGE VERMEIDEN

Durch einen wachsamen Blick und frühzeitiges Einschätzen der Situation kann man manche Übung noch retten. Hierzu gibt es folgende Möglichkeiten:

- Manchmal genügt es, dass der Hund einen anderen Blickwinkel zur Ablenkung bekommt, z. B. indem wir ihn mit dem Rücken dazu trainieren.
- Oder wir trainieren an einem ablenkungsreichen Ort mit besonders hoch motivierendem Futter (Superleckerli).
- Falls der Ort es zulässt, kann der Abstand zur Ablenkung vergrößert werden. Manchmal ist es auch notwendig, das Training abzubrechen, wenn so viel los ist, dass der Hund sich nicht mehr konzentrieren kann.
- Der beste Schlüssel zum Erfolg ist es jedoch, so viele Zwischenschritte einzubauen, dass diese Übung auch unter starker Ablenkung „stabil" bleibt.

AUCH WENN DIE ÜBUNG im Beisein eines bekannten Hundes klappt...

... stellt die Begegnung mit einem fremden Hund eine viel größere Ablenkung dar.

GEMEINSAM

unterwegs

HUNDE WERDEN NICHT VON SELBST GEHORSAM. DIE BESTE
ERZIEHUNG IST DIE BEZIEHUNG. ANDERS AUSGEDRÜCKT:
ES GEHT UM ORIENTIERUNG UND BINDUNG. ACTION BITTE,
UND ZWAR GEMEINSAM UND ALS TEAM!

[a]

[b]

[c]

[a] EIN BEKANNTES RITUAL vor dem Start einer Übung ist das Sitzen neben dem Bein des Menschen.

[b] BEIM TRAINING kommt es oft auf die Konzentration und Selbstbeherrschung bei Hund und Mensch an.

[c] DER GEMEINSAME SPASS ist für Hund und Mensch wichtig, damit echter Teamgeist geweckt wird.

[d] VERTRAUENSVOLLE und enge Körperkontakte können auch beim Spielen die Bindung stärken.

[e] EIN KÖNIGREICH für einen Dummy – das passende Trainingszubehör macht Hunde glücklich.

[d]

[e]

Gassisituationen

Hunde entschleunigen unseren oft hektischen Alltag. Wir bekommen frische Luft und regelmäßige Bewegung. Entspannung auf dem Hundespaziergang tritt vor allem dann ein, wenn der Hund gut folgt.

GASSI MIT DEM HUND

Die reinen Schnüffelrunden mit Toilettengang brauchen Hunde mehrfach täglich. Meist gibt es je eine Runde am Morgen, Mittag, späten Nachmittag und vor dem Schlafengehen. Von diesen vier Gassirunden ist durchschnittlich auf einer Runde Zeit für ein Trainingsprogramm. Die übrige Zeit arrangiert man sich mit den jeweiligen Begegnungssituationen, sodass der Hund niemanden belästigt oder Unarten lernt.

Nun sind Hunde meist clever genug, die Unaufmerksamkeit ihres Menschen für den einen oder anderen „Streich" auszunutzen. Stellen Sie sich einen Hundehalter mit Handy am Ohr vor, der so konzentriert telefoniert, dass er den vorbeilaufenden Jogger nicht rechtzeitig sieht. Sein aufgebrachtes „Charly, Hier! Lass das ...!", wenn sein junger Hund den aus seiner Sicht spannenden Läufer anspringt, kann man sich lebhaft vorstellen. Eine andere vom Hund gern genutzte Situation beim Gassigehen ist es, wenn Herrchen oder Frauchen gemeinsam mit Freunden unterwegs und so ins Gespräch verwickelt sind, dass der Hund sich selbst Beschäftigung sucht. Hier steuert man am effektivsten entgegen, wenn der Hund während dieser Zeit an der Leine geführt wird.

GASSI FÜR DEN HUND

Die Trainingsrunde unterscheidet sich im Hinblick auf die Ausstattung und Planung vom normalen Gassigang. Je nach Trainingsaufgabe benötigt man Hilfsmittel, wie z. B. Schleppleine und Dummy sowie passende Belohnungen wie Futtertube und Spielzeug. Unterbringen lassen sich diese Dinge in Gürtel- oder Umhängetaschen sowie in Trainingswesten mit besonders vielen Taschen. Für Trainingsrunden sollte man möglichst Aufgaben und Strecken suchen, die zur Stimmung und zum Trainingsniveau von Hund und Halter passen. Nach einem besonders anstrengenden Arbeitstag ist es nicht unbedingt sinnvoll, das unbändige Jagdinteresse des Hundes am Ententeich kontrollieren zu wollen.

VERSCHIEDENE GASSIORTE

Ganz entscheidend hängt der Erfolg beim Gassitraining von der Wahl der geeigneten Strecke ab. Die individuellen Neigungen des Hundes, wie z. B. Kontaktfreude oder Aggression gegenüber anderen Hunden, Hunger auf Grillreste

AUF UND DAVON? Durch „Gassitraining" kann der Hund das Dableiben lernen.

oder Jagdgelüste, sind oft die Gegenspieler der Konzentrationsfähigkeit beim Training. Bevor Sie den Hund also neben diesen Verlockungen trainieren, sollte er die in den nächsten Kapiteln beschriebenen Übungen sicher beherrschen.

WIESE UND FELD

Im Grünen kann man viele Übungen sehr gut umsetzen. Man hat viel Platz und kann „Störer" wie andere Hunde o. Ä. schon früh erkennen und die Übung dann notfalls unterbrechen. Viele Hunde verknüpfen mit bestimmten Wiesen im Gassigebiet schnell etwas Spannendes, wie das gemeinsame Training und Ballspiel. Diese Erwartungshaltung kann man nutzen, weil jeder Schritt zur Spielwiese eine Belohnung darstellt. Eine Möglichkeit ist hier, das Gehen an lockerer Leine zu üben.

Auf Wiesen gibt es oftmals Mauselöcher, in denen der Hund buddeln möchte. Leider bilden ausgebuddelte Löcher auch gefährliche Stolperfallen für Mensch und Tier. Aus diesem Grund und auch als Maßnahme gegen unerwünschtes Jagdverhalten ist es sinnvoll, den Hund vom Buddeln abzuhalten. Das Stöbern auf Feldern birgt ebenfalls die große Gefahr, dass der Hund einen Vogelschwarm oder Hasen hochscheucht und eine wilde Hatz beginnt.
Deshalb sollten Sie ihren Hund so gut motivieren und ablenken können, dass er statt zu buddeln oder zu stöbern bei Ihnen bleibt und trainieren möchte.

Special: Hundewiese

Sehr ablenkungsreich sind Hundeauslaufwiesen, die sich recht gut zum Gehorsamstraining für Fortgeschrittene eignen.

Für die ersten Schritte ist das Training hier zu schwierig, da viele freilaufende Hunde immer wieder dicht herankommen und die Übungen stören. Beispielsweise werden anspruchsvolle Apportierübungen gern von arbeitslosen Kollegen torpediert, die dann das Objekt der Begierde einfach klauen.

In dieser Hinsicht sollte man dem Neid um Futter oder Spielzeug entgegenwirken und im näheren Kontakt zu fremden Hunden Spielzeug, Dummy oder Futter wegpacken.

WALD

Im Wald bieten sich jede Menge Beschäftigungsmöglichkeiten, da Baumstümpfe, umgefallene Bäume oder Büsche als natürliche Hindernisse vorhanden sind. Hier kann der Hund mit Darüberspringen, Balancieren, Herumschicken, Slalom durch Baumreihen u.a. beschäftigt werden.

Wegbiegungen können genutzt werden, um ohne Sichtkontakt zu trainieren. Für die meisten dieser Übungen braucht man eine zweite Person, beispielsweise beim Rückruftraining durch Hin- und Herrufen oder Beschäftigungsaufgaben wie bei der Personensuche.

Bei hohen Temperaturen kann man im Schatten der Bäume besser trainieren als auf offenem Gelände.

Nachteilig ist im Wald, dass man nicht sehr vorausschauend unterwegs sein kann. Deshalb ist es am Anfang von Übungen sinnvoll, den Hund angeleint zu trainieren, falls plötzlich etwas für ihn Spannendes auftaucht.

Special: Stadtwald

Besonders ablenkungsreich sind die Gassigänge im Stadtwald, da hier extrem viele Begegnungen mit fremden Menschen und Hunden stattfinden. Enge Waldwege oder gar Pfade fordern vom Hundehalter viel

SPORTGERÄTE UNTERWEGS Sowohl im Wald ...

... als auch im Wohngebiet finden Sie mit etwas Fantasie viele „Sportgeräte" für Hunde.

JAGEN Unkontrolliertem Jagen sollte man durch vorausschauendes Anleinen und Training entgegenwirken.

Aufmerksamkeit, um den Hund vom Anspringen, Weglaufen oder Hinterherjagen abzuhalten. Jogger und Radfahrer sind oft wie aus dem Nichts da, auch wenn der Gehorsam noch nicht aus dem „Effeff" klappt.

Auch das Üben an langer Leine ist hier nur unter besonderer Umsicht möglich, damit niemand darüberstolpert. Auch hier gilt wieder: Je mehr Ablenkung, desto besser müssen die Übungen an ruhigen Orten klappen. Für die Festigung des Verhaltens unter stärkerer Ablenkung ist der Stadtwald großartig.

WOHNGEBIET

Viele Übungen können auch im bebauten Bereich hervorragend trainiert werden. Gehorsam ist hier als „Sitz" vor dem Überqueren der Straße, „Platz-Bleib" vor dem Bäcker und dem Liegenlassen von Essensresten auf der Straße vielfältig unter Ablenkung zu trainieren. Auch die allgegenwärtige Leinenführigkeit ist hier ein wichtiges Thema. Zur Beschäftigung kann man dem Hund beibringen, einen Fahrradständer zu umrunden, Slalom um Poller zu gehen oder eine Brötchentüte zu apportieren.

SITZ Die Übung „Sitz" kann man im Alltag häufig einsetzen.

Welpenspaziergänge

Richtige Spaziergänge sind für Welpen viel zu anstrengend. Gute Erfahrungen mit Menschen, Hunden und Umweltsituationen können die Kleinen jedoch nur auf häufigen Gassigängen sammeln.

SOZIALISATION

Im Alter von der 3. bis zur 14. Lebenswoche befinden sich Welpen in der sogenannten Sozialisationsphase. In dieser Zeit macht das wachsende Gehirn wichtige Lernerfahrungen, die lebenslang als Maßstab dienen. Gute Erfahrungen mit anderen Hunden und Menschen verbessern das Sozialverhalten. Mangelnde oder schlechte Erfahrungen führen zu Unsicherheit, Ängsten und später leider auch häufig zu Aggression.

Als frischgebackener Welpenbesitzer trägt man genau wie der Züchter eine große Verantwortung. Es geht darum, positive Kontakte zu suchen und negative zu vermeiden. Für all diese Aufgaben hat man allerdings nur wenig Zeit, da die Gassigänge nur kurze Lern- und Pipirunden sind. Als Faustzahl rechnet man 5 Minuten pro Lebensmonat je Gassigang.

Die Begegnungssituationen mit fremden Hunden und Menschen sollten zwar vielfältig sein, müssen aber auch gezielt ausgewählt werden. Fremde Hunde reagieren oft wenig freundlich, wenn Welpen sie belästigen. Die Narrenfreiheit, den vielzitierten „Welpenschutz", gibt es nicht. Deshalb sollten Sie vor dem Kontakt zu einem fremden Hund immer erfragen, ob der andere verträglich ist.

Aber Vorsicht: Wenn ein Hundehalter sagt: „Die machen das schon unter sich aus!", halten Sie lieber Abstand. Auch der Kontakt zu verschiedenen Menschen und Alltagssituationen sollte für Ihren Welpen eine positive Erfahrung sein, d. h., fremde Menschen hocken sich besser hin, als sich über den Hund zu beugen. Welpen begrüßen Menschen voller Überschwang, wenn sie dabei aber Passanten belästigen und anspringen, sollte man über Gehorsamsübungen gegensteuern.

WELPEN sollten gute Erfahrungen mit vielen Umweltsituationen machen.

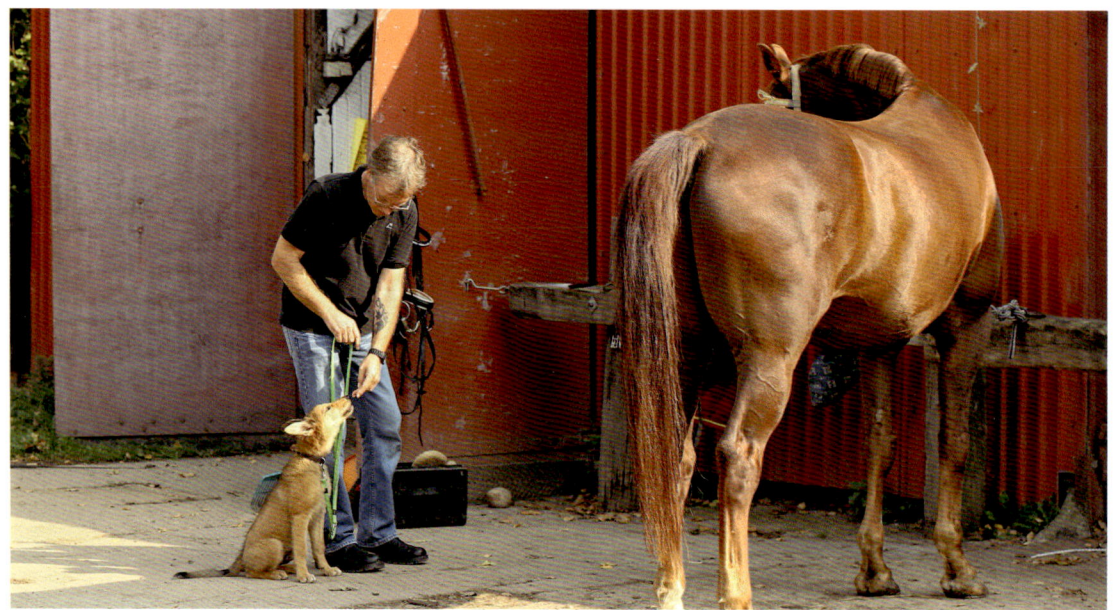

ANDERE TIERE Durch die frühe Gewöhnung an andere Tiere finden Hunde diese weniger aufregend.

BINDUNGSAUFBAU

Eigentlich laufen Welpen ihrer Bezugsperson nicht weg, sie bleiben in der Nähe und drehen noch keine größeren Kreise. Das ist von Vorteil, denn in diesem Alter lernen Hunde am besten, sich selbstständig an ihrem Menschen zu orientieren. Ausnahmen bestätigen die Regel, denn selbstbewusste oder besonders ängstliche Welpen laufen durchaus einmal über den Wohlfühlabstand hinaus von ihrem Besitzer weg. Damit den Kleinen nichts passiert, sollte man zumindest eine dünne Schleppleine und ein Brustgeschirr am Hund befestigen, um ihn notfalls festhalten zu können.

Welpen sollten lernen, bei Angst zu ihrem Besitzer zu gehen. Dies kann man durch Anbieten einer Schutzhöhle zwischen den Beinen des hockenden Menschen oder ähnlichen Körperkontakt erreichen. Es muss sich lohnen, beim Besitzer zu bleiben, also darf es für das Herankommen und das Dableiben ruhig viele Belohnungshäppchen geben. Zu guter Letzt ist es entscheidend, dass man dem jungen Hund das selbstständige Verfolgen seines Menschen beibringt, indem der Mensch nicht immer hinter seinem Hund geht, sondern häufig auch vor ihm.

HÄUFIG – KURZ-INTERESSANT

Bitte machen Sie keine Gewaltmärsche, sondern bleiben immer nur im Bereich von Minuten und Metern!

Allerdings sollten dem Welpen viele Alltagssituationen gezeigt werden, auch ein Cafébesuch, Besuche bei Freunden oder Fahren mit öffentlichen Verkehrsmitteln gehören dazu. Belohnen Sie den Welpen häufig, damit er auf diese Weise auch positive Erfahrungen macht. Auch „Schönfüttern" von besonders aufregenden Situationen (z. B. Müllwagen, Skateboard, bellender Hund) ist sinnvoll: Dabei macht der Welpe eine Verknüpfung zwischen der Situation und dem Wohlgefühl an Ihrer Seite.

[a]

[b]

[a] **BEIM HOCHHEBEN** sollte der Welpe sich entspannen können.

[b] **AUFMERKSAMKEITSÜBUNGEN** wie „Sitz" fördern die Zusammenarbeit.

[c] **WELPEN** müssen lernen, dass sie keine Narrenfreiheit haben.

[d] **DAS SPIEL** mit anderen Welpen ist für die Sozialisation wichtig.

[e] **IN DEN ERSTEN LEBENSMONATEN** werden wichtige Dinge wie Beißhemmung und Impulskontrolle gelernt.

[c]

[d]

[e]

Trainingszubehör

Der Erfolg vieler Übungen ist abhängig vom richtigen Equipment. Was muss man also bei der Auswahl und dem Einsatz von Leine, Clicker & Co. beachten?

HILFSMITTEL CLICKER

Für ein perfektes Training ist der Clicker ein wichtiges Hilfsmittel. Denn durch das prägnante Knackgeräusch wird dem Hund punktgenau und unmissverständlich klargemacht, wann er sich richtig verhält.

MARKERWORT ODER CLICKER
Der Click oder ein Markerwort (z. B. „Fein") sagen dem Hund, wann er sich eine Belohnung verdient hat. Beides hört der Hund, bevor Herrchen oder Frauchen in die Tasche greifen, um die Futter- oder Spielzeugbelohnung herauszuholen. Wir markieren das jeweils erwünschte Verhalten mit diesem Lob, damit nicht der Griff in die Tasche den Hund aus dem Konzept und in Bettelposition bringt. Der Clicker oder das Markerwort sind sozusagen das Sprungbrett zur Belohnung, um dem Hund zu sagen, was sich für ihn lohnt.

VERSPROCHEN IST VERSPROCHEN
Im Unterschied zu Lockworten oder beruhigendem Zureden, stellen der Clicker oder das Markerwort ein Versprechen für eine Belohnung dar. Es geht also absolut nicht darum, den Hund mit dem Clicker als Ersatz für eine Futterbelohnung hinzuhalten. Dies würde viel Frust und wenig Lust zur Mitarbeit bewirken. Stattdessen muss man im zielgerichteten Training den Click für immer besser oder länger ausgeführte Übungen einsetzen und dann auch wirklich belohnen.

UNTERWEGS ist eine Hundetasche für Spielzeug und Zubehör sehr praktisch.

FUTTERBELOHNUNGEN sollten den Geschmack des Hundes treffen.

TIMING

Der Hund soll beispielsweise lernen, seinem Menschen ins Gesicht zu schauen. Nehmen wir an, er wird einfach nur mit Futter belohnt. Ganz sicher wird er vom Gesicht weg auf die Hand schauen, bevor er das Futter aufnimmt. So ist es auch beim Clickern. Nun lernt der Clickerhund, dass er nur für den Blick ins Gesicht einen „Gutschein" für die Belohnung bekommt. Der „nur gefütterte" Hund lernt, dass er auf die Hand achten muss, um die Futterbelohnung zu bekommen.

HILFSMITTEL SCHLEPPLEINE

Das Training an der langen Leine ist in vielen Situationen sinnvoll. Der Hund kann auf Distanz trainiert werden, aber nicht weglaufen. Dabei gibt es einige Dinge im Umgang zu beachten, damit die Schleppleine nicht zur Stolperfalle wird. Damit sich Hund und Halter nicht verletzen, sollte der Hund an einem Brustgeschirr angeleint werden und der Mensch Handschuhe tragen.

WANN UND WOFÜR?

Mit der Schleppleine haben wir die Möglichkeit, eine Zwischenstufe zwischen angeleintem und freilaufendem Hund zu schaffen. Insbesondere bei leicht ablenkbaren Hunden, deren Gehorsam noch nicht sicher klappt, kann die lange Leine beim Training helfen.

Auch in Gegenden mit Leinenzwang schafft eine lange Leine etwas Erleichterung durch einen größeren Schnüffel- und Bewegungsradius.

NACH DEM CLICK muss der Hund schnell belohnt werden.

SCHLEPP- ODER AUSZIEHLEINE?

Die Aufrollautomatik der Ausziehleine (Flexi) macht es vielen Hundehaltern leichter, damit umzugehen. Hingegen muss die Schleppleine durch stetes Auf- und Abwickeln strategisch bedient werden. Die Flexileine hat den entscheidenden Nachteil, dass der Hund daran ziehen muss, um sie auszurollen, und er lernt hierdurch das Ziehen an der Leine. Außerdem kann die Flexileine wegen des Plastikgriffs nicht am Boden schleppen. Der praktische Stopp- und Feststellknopf der Flexileine fehlt an der Schleppleine. Die Schleppleine hingegen kann je nach Situation auch auf dem Boden schleifen gelassen werden. Ob und für welche der beiden Möglichkeiten man sich entscheidet, muss jeder selbst entscheiden. Bei großen, starken Hunden oder solchen, die leicht erregbar sind, ist es meist besser, diese an der kurzen Leine zu führen.

BASICS

[a]

[b]

[a] **ZUERST** lernt der Hund, dass nach dem Click immer eine Belohnung folgt.

[b] **DER HUND** bietet das Pfotegeben an, wird dafür aber nicht geclickt.

[c] **STATTDESSEN** soll er den Targetstick mit der Nase berühren und wird dabei geclickt...

[d] ...und direkt danach belohnt.

[c]

[d]

[e]

[f]

[e] **DAS TRAGEN** von Handschuhen macht den Umgang mit der Schleppleine sicherer.

[f] **ZIEL** des Schleppleinentrainings ist, dass der Hund sich auch über Distanz orientiert.

[g] **DIE ARBEIT** mit der Schleppleine erfordert Geschick und Kraft.

[h] **EIN VORTEIL** der Flexileine ist die Möglichkeit, den Hund auf „Knopfdruck" zu stoppen.

[i] **BEI BEIDEN LANGLEINEN** sollte der Hund am Brustgeschirr geführt werden, um Verletzungen zu vermeiden.

[g]

[h]

[i]

WENN EIN HUND an der Schleppleine losrennt, sollte er frühzeitig gestoppt werden.

SICHERES FÜHREN

Mit beiden Systemen kann man nur erfolgreich arbeiten, wenn der Hundehalter sie auch bedienen kann.

Die lange Leine sollte auf engen Wegen, in der Fußgängerzone oder auf dem Bürgersteig in 1 bis 2 m Länge eingekürzt werden. Hier sollte der Hund nah bei seinem Menschen gehen. Stellen Sie sich vor, ein Radfahrer würde in die gespannte Leine fahren und sich oder den Hund hierdurch verletzen. Auch die plötzliche Annäherung eines nur scheinbar angeleinten „Flexihundes" auf vorbeigehende Menschen oder Hunde ist ein häufiger Anlass für Ärger und Streit.

Die Schleppleine muss sorgfältig beobachtet und häufig aufgewickelt werden. Besonders geht es darum, nicht zwischen den Hund und lose Leinenschlaufen zu

geraten. Durch ständiges Auf- und Abwickeln kann die Leinenlänge so kontrolliert werden, dass der Hund nicht zieht und immer nur ca. ein halber Meter Leine durchhängt.

HALTEN, SCHLEPPEN, KÜRZEN, WEG

Als Übergang vom angeleinten zum freilaufenden Hund muss die Schleppleine systematisch abgebaut werden. In der ersten Trainingsphase wird die Leine immer in der Hand gehalten. Wenn die Orientierung des Hundes in dieser Phase der Absicherung zuverlässig klappt, kann die Leine auf dem Boden schleifen. Dabei ist es immer noch möglich, im Notfall daraufzutreten oder die Leine in die Hand zu nehmen, bevor der Hund etwas Unerwünschtes tut. Wenn diese Absicherung nicht mehr nötig ist, kann die am Boden schleppende Leine wöchentlich um ca. 50 cm gekürzt werden. So merkt der Hund den Unterschied zur Kontrolle mit oder ohne Leine am wenigsten. Ohne das Training dieser Zwischenschritte lernen viele Hunde: „An der Leine muss ich mich benehmen, ohne Leine kann ich machen, was ich will."

DAS MITWICKELN der Schleppleine in Schlaufen verhindert gefährliche Stolperfallen.

KNOTEN Mithilfe von Knoten kann der Fuß die Leine sichern.

STOPP auf Entfernung kann gut an der Schleppleine trainiert werden.

ÜBUNG: „STOPP!"

ZIEL Der Hund soll jederzeit auf das Kommando „Stopp" anhalten und sich zu seinem Menschen orientieren.
MAN BRAUCHT 5 bis 8 m Schleppleine und Brustgeschirr für den Hund, Handschuhe für den Menschen.
VORAUSSETZUNGEN Der Hundehalter sollte das schnelle Auf- und Abwickeln der Schleppleine beherrschen, sodass die Leine locker ist, aber keine Enden am Boden liegen.
ABLAUF Der Hund hört kurz vor dem Erreichen des Leinenendes das Kommando „Stopp" und der Mensch bleibt sofort stehen. Weiter geht es erst, wenn der Hund sich umgeschaut hat. Dauer jeweils ca. 15 Minuten.

TRAININGSSCHRITTE

Schritt 1

Trainieren Sie in einem ablenkungsarmen Umfeld. Sagen Sie laut „Stopp", kurz bevor der Hund das Leinenende erreicht, dann bleiben Sie stehen und warten, bis der Hund sich zu Ihnen umschaut. Genau im Moment des Umschauens sagen Sie „Fein! Weiter!" und lassen ihn weiterlaufen.

Schritt 2

Trainieren Sie „Stopp" weiter wie in Schritt 1, statt den Hund weiterzuschicken, clicken Sie ab und zu den Moment des Umdrehens und belohnen den herankommenden Hund mit Futter.

Schritt 3

Trainieren Sie „Stopp" weiter wie in Schritt 1. Bei jedem sechsten Stopp rufen Sie beim Umdrehen des Hundes „Hier!" (siehe Seite 48) und belohnen den heranlaufenden Hund sofort mit einem Superleckerli.

WENN DIE ÜBUNG NICHT KLAPPT

Sie können den Hund mit der Schleppleine nicht stoppen?

Verwenden Sie eine kürzere Leinenlänge. Üben Sie das schnelle Auf- und Abwickeln so, dass die Leine locker in der Luft hängt und nicht am Boden liegt. So hat der Hund weniger „Schwung", in die Leine zu rennen.

Kommt der Hund auf den Click nicht zu Ihnen?

Trainieren Sie die Übung „Blick für Click" (siehe Seite 43) verstärkt erst einmal an kurzer Leine und mit Superleckerli.

KOMM

zu mir

EIN ZUVERLÄSSIGER RÜCKRUF UNTER
ABLENKUNG IST NICHT IMMER LEICHT.
DURCH EIN INTENSIVES TRAINING SCHAFFT
MAN ES AUCH IN SCHWIERIGEN SITUATIO-
NEN, IMMER DIE KONTROLLE ZU BEHALTEN.
WENN DIES GELINGT, KANN DER HUND
MEHR FREIHEIT GENIESSEN UND HAT DIE
BESTE LEBENSVERSICHERUNG.

Orientierung & Aufmerksamkeit

Voraussetzung für einen funktionierenden Rückruf ist zuerst einmal die Aufmerksamkeit des Hundes. Deshalb ist als Basisübung die Orientierung über den selbstständigen Blickkontakt zum Menschen wichtig.

ÜBUNG: CLICK FÜR BLICK

ZIEL Der Hund soll sich häufig selbstständig über Blickkontakt an seinem Menschen orientieren.

MAN BRAUCHT Clicker, Leckerli, kurze Führleine, Schlepp- oder Flexileine.

VORAUSSETZUNGEN Der Hund kennt den Clicker (siehe Seite 34) und muss die Belohnung wichtiger finden als seine Umwelt.

ABLAUF Nehmen Sie den Clicker in die Hand und halten das Futter griffbereit (aber noch nicht in der Hand). Wenn Ihr Hund Sie unaufgefordert anschaut, „clicken" Sie, holen danach die Futterbelohnung aus der Tasche und geben ihm diese sofort.

TRAININGSSCHRITTE

Schritt 1

Führen Sie den Hund an kurzer Leine in Situationen mit geringer Ablenkung (Menschen oder Hunde sind höchstens in großer Distanz zu sehen).

Schritt 2

Gehen Sie mit dem Hund an langer Leine in Situationen, in denen Passanten oder fremde Hunde zu sehen sind. Zu den Ablenkungen durch andere Lebewesen sollten Sie aber immer so viel Abstand halten, dass Ihr Hund nicht an der Leine dorthin zieht oder bellt.

Schritt 3

Verringern Sie den Abstand zu Menschen und anderen Tieren/Hunden und clicken weiterhin den selbstständigen Blickkontakt.

WENN DIE ÜBUNG NICHT KLAPPT

Ist der Hund zu abgelenkt durch Gerüche und Tiere/Menschen?

Clicken und belohnen Sie das Schauen in Ihre Richtung zuerst im Haus, dann an ablenkungsarmen Orten und steigern die Ablenkung erst allmählich.
Bei stärkerer Ablenkung kann man die Übung erst einmal auf dem Rückweg trainieren, nachdem der Hund die Gegend schon erkundet hat.

Der Hund kommt nach dem Click nicht, um sich die Belohnung abzuholen?

Es kann sein, dass der Hund den Clicker noch nicht mit dem Futter verknüpft hat. Nehmen Sie die Leine kürzer, warten auf den Blick und clicken und belohnen Sie fast gleichzeitig.
Verwenden Sie schmackhaftere Belohnungen und füttern Sie den Hund vor der Übung nicht.

ÜBUNG: SUCH DEINEN MENSCHEN

Der Hund soll seinem Menschen hinterherlaufen und nicht umgekehrt. Um diese Motivation zu stärken, kann man beim Spaziergang zu zweit ein lustiges Suchspiel trainieren. Am besten trainiert man dies mit Familienmitgliedern, dabei kann der Hund von einer vertrauten Person festgehalten werden, während sich die andere versteckt.

ZIEL Stärkung der Bindung und Orientierung durch das Verfolgen der Witterung des Besitzers. Bei ängstlichen Hunden Steigerung des Selbstbewusstseins.
MAN BRAUCHT Eine zweite, dem Hund bekannte Person; Gebiete mit Bäumen, Büschen oder Hügeln als Versteckmöglichkeiten, Leckerli oder Spielzeug, eventuell Geschirr und Schleppleine.
VORAUSSETZUNGEN keine.
ABLAUF Der Hund wartet (anfangs mit, später ohne Sichtkontakt), bis sein Mensch sich versteckt hat, um diesen danach zu suchen. Die Suchstrecke sollte von 8 bis maximal 100 m gesteigert werden.

TRAININGSSCHRITTE

Schritt 1

Der Hund wird festgehalten und darf zuschauen, wie sein Mensch einen Weg entlang ca. 8 m weit weggeht und dann hinter einem Busch oder Baum verschwindet. Dort wartet der Mensch ruhig auf seinen Hund. Dann wird der am Geschirr angeleinte Hund mit langer Leine oder Schleppleine losgelassen und mit „Such" angefeuert. Dabei darf er an der Leine ziehen, denn er soll bei der Suche nicht behindert werden. Angekommen bei seinem Menschen, wird er von diesem mit Lob sowie Futter oder Spielzeug belohnt.

Schritt 2

Die zu verfolgende Strecke wird verlängert.

Schritt 3

Der Hund wird direkt hinter einer Sichtbegrenzung festgehalten, wenn sein Mensch sich versteckt. So kann er nicht sehen, wo dieser entlangläuft, sondern muss seiner Nase folgen.
Man kann diese Suchübung später auch ohne Leine trainieren. Dazu wird der Hund abgeleint, wenn die Person sich versteckt hat, und darf dann frei stöbern. Um unerwünschtem Jagen oder Belästigen von Passanten vorzubeugen, sollte freies Stöbern nur in Gebieten ohne Wild oder Passanten geübt werden.

WENN DIE ÜBUNG NICHT KLAPPT

Ist der Hund zu abgelenkt?

Trainieren Sie an ablenkungsärmeren Orten.

Geht der Hund gar nicht los?

Sorgen Sie für eine entspannte Situation ohne Angst auslösende Reize (Geräusche, fremde Menschen und Hunde etc.). Steigern Sie den Reiz der Übung, indem der Hund vor dem Weggehen leckeres Futter oder ein begehrtes Spielzeug gezeigt bekommt.

Beim freien Stöbern zeigt der Hund Interesse an Passanten oder Wild?

Lassen Sie den Hund weiter angeleint suchen.

ÜBUNG: WEGE BESTIMMEN

ZIEL Der Hund soll sich im Freilauf unaufgefordert seinem Menschen anschließen.

MAN BRAUCHT Ein dem Hund unbekanntes Gebiet mit einer Vielzahl von Wegen und Pfaden; Leckerli und Spielzeug; eventuell Geschirr und Schleppleine.

VORAUSSETZUNGEN keine.

ABLAUF Der Hund wird an der Schleppleine oder im Freilauf geführt. Wenn der Hund vor seinem Menschen über eine Wegkreuzung läuft, biegt der Mensch kommentarlos in die andere Richtung ab. Kommt er dann hinterher, wird er gerufen und belohnt.

TRAININGSSCHRITTE

Schritt 1

Trainieren Sie mit Ihrem Hund an der Schleppleine in unübersichtlichem Gebiet (z. B. Wald) zu Zeiten ohne Ablenkungen durch Wild, Menschen oder Hunde.

Schritt 2

In übersichtlichem Gebiet (z. B. Wiesen, Felder) ohne Ablenkungen durch Wild, Menschen oder Hunde läuft der Hund frei und wird für jedes Folgen gerufen und mit einem Superleckerli belohnt.

Schritt 3

Nun wird der Hund an der Schleppleine in überschaubaren Gebieten (Wiesen, Felder, Wald im Winter) trainiert, wenn fremde Menschen, Hunde oder Wild nur in größerer Entfernung zu sehen sind. Belohnen Sie den Hund immer, wenn er sich von anderen Hunden, Wild oder Menschen abwendet und zu Ihnen kommt.

Schritt 4

Trainieren Sie ohne Leine in übersichtlichem Gebiet, in dem Hunde freilaufen (z. B. weitläufige Hundewiese). Dabei müssen Sie Ihren Hund gut einschätzen können und entsprechenden Abstand zu Ablenkungen halten bzw. den Hund durch Futter oder Spielzeug motivieren, sich für Ihren Weg zu entscheiden.

WENN DIE ÜBUNG NICHT KLAPPT

Sind andere Motivationen wie Jagdverhalten oder Sexualtrieb stärker?

Trainieren Sie auf jeden Fall nur angeleint. Sie können versuchen, die Attraktivität von Futter und Spielzeug zu steigern, indem der Hund sich dies immer erarbeiten muss.

DAS ABBIEGEN in eine andere Richtung bringt den Hund dazu, seinem Menschen hinterherzulaufen.

IN DIE HOCKE Gerade unsichere Hunde kommen lieber heran, wenn der Mensch sich hinhockt.

Was bewegt den Hund?

Der Bewegungsdrang von Hunden ist ausgesprochen unterschiedlich. Wenn das Rennen Spaß macht, muss das Hinlaufen zum Menschen die beliebteste Übung des Hundes werden.

LAUFEN MACHT SPASS

Der Hund ist ein Jäger und Beutegreifer, der besonders gut im schnellen Sprinten ist. Hunde laufen deshalb gern und leidenschaftlich, wenn sie körperlich fit sind. Manchen macht das Rennen im Spiel mit Artgenossen besonders viel Spaß, andere sind der Welt entrückt, wenn sie der Frisbeescheibe oder einem flüchtenden Reh hinterhersetzen. Das Lauftier Hund ist gern und schnell mal „weg".

Damit verbunden sind auch die größten Risiken bei der Hundehaltung. Ein unkontrolliert rennender Hund wird schnell in einen Autounfall verwickelt, vom Fahrrad angefahren oder bringt einen Jogger zu Fall. Und dabei wollte er doch nur seinen Spaß!

Typische Situationen, in denen Hunde „durchbrennen", sind Begegnungen mit Artgenossen oder anderen Tieren wie Hasen, Rehen oder Eichhörnchen. Manche Hunde rennen unangeleint auch auf Spaziergänger, Radfahrer oder Haustiere zu. Somit müssen wir je nach Situation abwägen zwischen artgerechtem Freilauf und vorausschauendem Anleinen. Bevor ein Hund in potenziellen Weglaufsituationen ohne Leine laufen darf, muss er genau in diesen Situationen trainiert werden.

SCHNELL BELOHNEN Das Herankommen sollte immer schnell belohnt werden.

ANKOMMEN IST TOLL

Beim Rückruftraining geht es darum, dass der Hund seine Situation durch das Laufen von Punkt A zu Punkt B verbessert. Oder dass er zumindest durch stetiges Training davon ausgeht, davon einen Vorteil zu haben. Nach dem Ankommen bei seinem Menschen muss der Hund immer eine Belohnung bekommen. Aber nicht jede Belohnung fördert den Gehorsam bei dieser Übung, wie die folgenden Beispiele zeigen:

Herr W. ruft nach Paul, der gerade mit seinem Kumpel spielt. Als Paul kommt, wuschelt Herr W. ihm über den Kopf, gibt ihm ein Leckerli und sagt „Brav!". Danach lässt er ihn wieder zu seinem Kumpel laufen. Für Paul hat sich das Herankommen „gelohnt".

Beim Verlassen der Hundewiese ruft Frau Z. ihren Toni, während sie die Leine in die Hand nimmt. Toni kommt zögerlich und holt sich das Leckerli ab. Als Frau Z. mit der Leine in der Hand nach ihm greift, springt er schnell weg. Für Toni hat sich das Herankommen nicht gelohnt.

Wichtig ist also nicht nur, dass der Hund eine Belohnung für das Ankommen erhält, sondern auch, was er dafür zurücklassen muss.

Damit sich beides nicht aufhebt oder der Nachteil überwiegt (z. B. Spielen ist vorbei), muss man die Situationen richtig einschätzen. Manchmal hat man bei jungen Hunden einfach noch keine Chance, den Hund vom Spiel abzurufen und muss auf einen passenden Moment warten.

Beim Üben ist es wichtig, den Hund nach dem Leckerli für das Herankommen häufig auch gleich wieder laufen zu lassen, statt ihn anzuleinen. Besonders für das Rückruftraining sollte der Wert der Belohnung extrem hoch sein. Mit Superleckerli wie Leberwurst aus der Tube oder einer Schale Feuchtfutter kann man die Zeit des Belohnens ausdehnen und damit das Dableiben fördern.

Rückrufübung mit Wortsignal

Beim Rückrufsignal ist es entscheidend, dass es nicht unbedacht gerufen wird. Wenn der Hund ein „Hier" häufig überhört, ist vorprogrammiert, dass dieses Wort eher zum „Kuhglocken"-Effekt führt.

ÜBUNG: „HIER"

ZIEL Auf das Hörzeichen „Hier" und das Sichtzeichen „hochgestreckter Arm" soll der Hund auf schnellstem Weg zu seinem Menschen laufen.

MAN BRAUCHT Schleppleine (die zerschnitten werden darf), zweite Person (Schritt 1), Superleckerli wie Leberwurst aus der Tube oder Feuchtfutter.

VORAUSSETZUNGEN Das „Hier" wird noch nicht im Alltag als Rückrufsignal verwendet. Falls doch, muss ein neues Hörzeichen (z. B. „Zu mir!", „Kommen" oder „Aki") verwendet werden.

ABLAUF Der Hund lernt das Kommando intensiv über gelockte Rückrufübungen, bei denen eine zweite Person den Hund vor dem Rückruf festhält. Erst wenn diese Übungen in allen Situationen klappen, beginnt das Rückruftraining ohne Helfer.

TRAININGSSCHRITTE

Schritt 1

Mithilfe einer zweiten Person werden „gelockte" Rückrufe trainiert. Dabei wird Ihr Hund von einer zweiten Person über die Schleppleine festgehalten und Sie gehen ca. 6 m weit weg. Gehen Sie in die Knie, klopfen sich dabei auf die Oberschenkel und sagen häufig den Namen des Hundes, nach ca. 5 Sekunden „Anheizen" rufen Sie laut „Hier!" und

BEIM DEM RUFEN des Signals „Hier" …

… sollte sich der Hund sofort umdrehen.

BEI ZU STARKER ABLENKUNG sollte das „Hier" noch nicht eingesetzt werden.

JACKPOT Die Belohnung sollte nach dem Rückruf besonders hochwertig sein.

heben Ihren Arm. Ihr Helfer lässt sofort die Schleppleine fallen. Bei Ihnen angekommen, wird der Hund mindestens 5 Sekunden lang mit dem Superleckerli gefüttert. Die Übung wiederholen Sie sooft es geht unter steigender Ablenkung:

- Stufe 1: Ruhiger Spazierweg (ohne Sichtkontakt zu Hunden oder Menschen)
- Stufe 2: Übersichtliches Gelände (weitläufiger Sichtkontakt, mindestens 20 m Abstand zu ablenkenden Reizen)
- Stufe 3: Belebte Umgebung (Menschen und Hunde, mindestens 5 m Abstand)

Schritt 2
Die Schleppleine liegt auf dem Boden und wird vom Hund hinterhergezogen. Bei starke Ablenkung wird die Schleppleine mit Hand oder Fuß fixiert und der Hund gestoppt. Die Rückrufübung sollten Sie unter steigender Ablenkung wieder in folgenden Situationen trainieren:

- Stufe 1: Ruhiger Spazierweg (ohne Sichtkontakt zu Hunden oder Menschen)
- Stufe 2: Übersichtliches Gelände (weitläufiger Sichtkontakt, mindestens 20 m Abstand zu ablenkenden Reizen)

- Stufe 3: Belebte Umgebung (Menschen und Hunde, mindestens 5 m Abstand)

Schritt 3
Wenn der Hund in allen Ablenkungssituationen zuverlässig auf das „Hier" angerannt kommt, können Sie wöchentlich 50 cm von der Schleppleine abschneiden. Damit baut man die Signalwirkung der Schleppleine schrittweise ab. Am Ende sollten nur noch ein paar Zentimeter plus Haken am Halsband hängen, bevor Sie die Leine ganz weglassen.

WENN DIE ÜBUNG NICHT KLAPPT
Füttern Sie den Hund nur noch aus der Hand für einfache Übungen wie „Sitz" oder „Schau". Das Highlight des Tages sind die Rückrufübungen, denn nur dabei gibt es die Superleckerli.
Nehmen Sie beim Rufen eine einladende Körperhaltung ein, indem Sie sich hinhocken und den Arm ausstrecken. Unbedingt zu vermeiden sind das Fixieren des Hundes, das Rufen mit scharfer Stimme und nach dem Hund zu greifen oder sich von oben über ihn zu beugen.

Rückrufübung mit Pfeife

Eine Pfeife hat viele Vorteile gegenüber herkömmlichen Kommandos. Im Vergleich zur menschlichen Stimme hat sie eine größere Reichweite, klingt immer gleich und übermittelt somit keine Emotionen.

PFEIFSIGNAL AUFBAUEN

Damit der Pfeifton für den Hund eine positive Bedeutung bekommt, muss er zunächst häufig und schnell glücklich machen. Der Hund soll lernen, dass er

BEIM ERSTEN SCHRITT erfolgt der Pfiff zeitgleich mit der Belohnung.

nach dem Pfiff sofort ein besonderes Leckerli oder den Lieblingsball bekommt, und zwar ohne dafür etwas zu tun. Zwischen Pfiff und Belohnung soll keine Pause entstehen, sondern der aufmerksam wartende Hund hört den Pfiff und bekommt innerhalb von einer Sekunde das Objekt seiner Begierde. Dieser erste Schritt beim Pfeifentraining stellt das Fundament eines zuverlässigen Kommens auf Pfiff dar. Diese Grundkonditionierung sollte man ca. 14 Tage mehrfach täglich 10- bis 12-mal hintereinander durchführen. Das Herankommen und die Abrufbarkeit aus ablenkungsreichen Situationen sollte erst später trainiert werden.

ÜBUNG: PFEIFE FÜR SPIELZEUGFANS

Das Spiel mit dem Hund kann ganz einfach zu einer Trainingssituation werden, indem der Pfiff das Spiel ankündigt und somit eine starke Lockwirkung bekommt.

ZIEL Auf den Pfiff soll der Hund auf schnellstem Weg zu seinem Menschen laufen.
MAN BRAUCHT Eine hörbare Pfeife, zwei gleichartige Lieblingsspielzeuge, eventuell eine Schleppleine.

VORAUSSETZUNGEN Der Hund hat großes Interesse an geworfenen Spielzeugen, er gibt diese schnell wieder ab (möglichst auch im Tausch gegen ein Leckerli oder ein zweites gleiches Spielzeug). Der Hund sollte körperlich fit sein.

WICHTIG Wenn der Hund beim Spielen seine Schleppleine hinter sich herzieht, beugen Sie Unfällen vor, indem Sie die Leine immer im Blick behalten und die Wurfrichtung entsprechend wählen, sodass die Leine sich nicht an Füßen oder Bäumen verfängt.

TRAININGSSCHRITTE

Schritt 1

Sie machen den Hund auf ein Spielzeug in Ihrer Hand aufmerksam und bewegen es zur Motivationssteigerung auf Brusthöhe zackig hin und her. Wenn der Hund gespannt wartet und dabei nicht

SPÄTER soll der Hund nach dem Pfiff seinem Menschen folgen.

anspringt, pfeifen Sie kräftig in die Pfeife und werfen das Spielzeug sofort hinter sich. Dann holen Sie das zweite Spielzeug aus der Tasche und zeigen es dem Hund. Sobald er das erste Spielzeug fallen lässt, pfeifen Sie erneut und werfen das zweite Spielzeug hinter sich. Dann nehmen Sie das zuerst geworfene Spielzeug und wiederholen das noch ca. 10-mal.

Trainieren Sie dies zwei Wochen im Garten oder in einer ablenkungsarmen Gassisituation.

Schritt 2

Der Hund wird auf dem Spaziergang mit dem Pfiff überrascht, wenn er gerade nicht besonders abgelenkt ist, aber auch nicht zu Ihnen schaut. Dann holen Sie sofort das griffbereite Spielzeug aus der Tasche und werfen es ihm. Danach folgen die Wiederholungen wie in Schritt 1.

Schritt 3

Verändern Sie Schritt 2 so, dass Sie Ihren herankommenden Hund nach dem Pfeifen und vor dem Herausholen des Spielzeugs am Halsband oder Geschirr berühren oder ihm die Schleppleine anlegen. Erst danach wird das Spielzeug geworfen.

Schritt 4

Der Pfiff wird nun unter stärkerer Ablenkung trainiert, beispielsweise wenn Ihr Hund etwas in der Entfernung fixiert oder durch Schnüffeln abgelenkt ist. Sobald er herankommt, gehen Sie an ihn heran, um ihn zu berühren oder anzuleinen und werfen dann das Spielzeug.

Schritt 5

Setzen Sie die Pfeife häufig ein, wenn Ihr Hund sowieso zu Ihnen kommt und werfen ihm dann den Ball. Dies gilt vor allem dann, wenn Ablenkungen in Sicht sind (z. B. wenn der Hund sich von einer Krähe abwendet).

Das „Abpfeifen" (damit der Hund sich Ihnen zuwendet) und das „Draufpfeifen" (weil der Hund sich Ihnen schon zugewandt hat) sollte sich zu gleichen Teilen abwechseln.

WENN DIE ÜBUNG NICHT KLAPPT

Der Hund kommt nicht heran oder/und gibt den geworfenen Ball nicht her?

Spielen Sie mit dem zweiten Ball vom Hund abgewandt und ausgelassen selbst, ohne auf den Hund zu schauen. So locken Sie den Hund zu sich und machen ihm den Vorteil des Ausgebens klar, indem er den zweiten Ball sofort bekommt, wenn er den ersten ausgegeben hat.

Der Hund muss nach dem Werfen schnell wieder zu seinem Besitzer laufen und soll mit dem Ball nicht sein „eigenes Ding" machen. Das Tauschen und Anfassen zwischen den Pfiffen hat also höchste Priorität.

Ihr Hund hat manchmal kein Interesse an dem Spielzeug?

Trainieren Sie die Pfeife mit Futterbelohnungen auf. Jedoch sollten Sie ähnlich schrittweise vorgehen wie beim Pfeifentraining mit Spielzeugbelohnung. Die Verwendung einer besonders tollen Belohnung (z. B. Leberwurst aus der Tube) ist wichtig.

Läuft Ihr Hund häufiger weg, damit Sie ihn abpfeifen? Pfeifen oder rufen Sie zukünftig immer dann, wenn Ihr Hund sich zu Ihnen umschaut oder bereits auf Sie zubewegt.

[a]

[b]

[a] **GESPANNTES WARTEN** vor dem Pfiff ist anfangs sehr wichtig.

[b] **ZEITGLEICH** mit dem Pfiff wird das Spielzeug geworfen, so bringt der Hund beides in einen Zusammenhang.

[c] **DAS SCHNELLE HERANBRINGEN** des Spielzeugs kann man mit einem zweiten Spielzeug und Zergeln nach dem Heranbringen fördern.

[d] **DAS MOTIVIERENDE SPIELZEUG** soll der Hund später nicht mehr sehen.

[e] **DAS GREIFEN** nach dem Hund sollte geübt werden, auch ohne anzuleinen.

[c]

[d]

[e]

BLEIB
bei mir

EIN TEAM SOLLTE ZUSAMMENHALTEN, DIES GILT AUCH FÜR HUND UND MENSCH. ES IST TOLL, WENN MAN AUF DEM SPAZIERGANG OHNE LEINE SICHER SEIN KANN, DASS DER HUND JEDERZEIT „HÖRT".

Dableiben – wann, wie, warum?

Die „unsichtbare Leine" ist pures Glück für Mensch und Hund.
Hierzu muss man das Dableiben unter Ablenkung – je nach Hund –
mehr oder weniger trainieren.

Alle Verhaltensweisen, die den Hund an unsere Nähe binden, sind prinzipiell „Dableib"-Übungen. Es gibt viele Alltagssituationen, in denen der Hund so etwas wie „Selbstbeherrschung" braucht, die auch als Impulskontrolle bezeichnet wird.

- Er soll nicht zu den ballspielenden Kindern rennen, keine Vögel oder andere Tiere jagen, beim Begrüßen niemanden anspringen und bei Spiel-und-Spaß-Übungen erst loslegen, wenn wir es sagen.
- Ein Hund, der uns anschaut, bleibt auch geistig da. Deshalb ist die Übung „Schau" gut geeignet, den Hund von impulsivem Verhalten gegenüber spannenden Dingen abzulenken (siehe Übung „Schau", Seite 65).
- Ein Hund sollte auch lernen, an lockerer Leine zu gehen, statt seinen Menschen hinter sich herzuziehen. Auch über diese Übung lernt er, einen gewissen Abstand um seinen Menschen herum nicht zu verlassen (siehe Übung „Leinenführigkeit", Seite 67).
- Zusammengefasst ergeben die Übungen „Schau" und „Leinenführigkeit" das „Fuß", bei dem der Hund konzentriert mit häufigem Blickkontakt neben seinem Besitzer gehen soll, sowohl mit als auch ohne Leine (siehe Übung „Fuß", Seite 70).
- Die klassischen „Bleib"-Übungen finden im Alltag mit „Sitz" und „Platz" vielfältige Einsatzmöglichkeiten, die man abwechslungsreich und mit Spaß trainieren kann (siehe Übung „Sitz-Platz-Bleib").

ÜBUNGEN: SITZ – PLATZ – BLEIB

Zwei wichtige Grundübungen zur Selbstbeherrschung und Kontrollierbarkeit des Hundes sind die Übungen „Sitz" und „Platz". Aus beiden Positionen können „Bleib"-Übungen trainiert werden. Für viele Alltagssituationen sind diese stationären Positionen hilfreich, denn Hunde können dann nicht anspringen, weglaufen, in die Leine springen etc. Ob als Warteposition vor Beschäftigungsspielen oder bei der Fahrt mit öffentlichen Verkehrsmitteln, eine „Bleib"-Position ist von großem Nutzen.

ZIEL Der Hund setzt bzw. legt sich auf ein Hör- und Handzeichen sofort hin und wartet dort so lange, bis er die Erlaubnis bekommt, wieder aufzustehen.
MAN BRAUCHT Leckerli, eventuell Clicker, Halsband und Leine.
VORAUSSETZUNGEN keine.

BEI DEN ERSTEN „SITZ"-ÜBUNGEN wird der Hund mit Leckerchen und Handzeichen positioniert.

TRAININGSSCHRITTE

Schritt 1

- „Sitz": Die Hand mit Leckerli wird über den Kopf des Hundes geführt, sodass dieser sich hinsetzen muss, um der Lockhand hinterherzuschauen.
- „Platz": Der Hund befindet sich in der sitzenden Position und die Hand mit Leckerli wird nun unter die Schnauze gehalten und dann in einer L-förmigen Bewegung langsam zum Boden und vom Hund weggeführt, sodass die Hundenase der Bewegung folgt.
  Für das Hinsetzen bzw. Hinlegen wird der Hund sofort in den jeweiligen Positionen gelobt/geclickt und belohnt. Danach erteilen Sie sofort das Freigabesignal, z. B. „Lauf".
- Trennen Sie beide Übungen voneinander, das Sitz vor der „Platz"-Übung sollte nur mit dem Handzeichen und nicht mit dem Hörzeichen signalisiert werden.

Schritt 2

- „Sitz": Die Lockhand formt für „Sitz" das Handzeichen „erhobener Zeigefinger", ansonsten weiter wie in Schritt 1.
- „Platz": Die Übung „Platz" bekommt als Handzeichen eine flach ausgestreckt zum Boden weisende Handfläche, dabei wird das Leckerli zwischen Daumen und Handinnenfläche eingeklemmt, ansonsten weiter wie in Schritt 1.
- Achten Sie darauf, dass Sie die Handzeichen aus einer aufrecht stehenden Position beginnend zeigen und sich erst danach zum Hund hinunterbeugen.

Schritt 3

Die Hörzeichen, z. B. „Sitz" und „Platz", werden kurz vor dem Locken in die richtige Position gesagt. Kurz danach sollte sich der Hund setzen oder legen und wird dafür belohnt.
Dabei locken Sie den Hund so viel wie nötig, aber so wenig wie möglich.

AUS DER SITZENDEN POSITION wird ins „Platz" gelockt.

DAS LECKERCHEN steckt zwischen Daumen und Handfläche.

Schritt 4

Die Zeit zwischen dem Hinsetzen bzw. Hinlegen und Lob/Click und Belohnen wird langsam verlängert, d. h., der Hund bleibt zunehmend einige Sekunden länger in der Position, bevor er belohnt wird.

Schritt 5

Die Belohnung wird nun nur noch gegeben, nachdem Sie das Lockleckerli hinter Ihrem Rücken in die andere Hand übergeben, bevor Sie loben bzw. clicken und belohnen.

Schritt 6

Das Handzeichen wird mit der leeren Hand, also ohne Lockfutter ausgeführt. Stattdessen hält die andere Hand das Belohnungsleckerli bereit.

Schritt 7

Der Hund soll nun längeres „Sitz" bzw. „Platz" lernen, indem er zwischendurch eine Belohnung erhält, aber nicht mit „Lauf" freigegeben wird.
Stattdessen belohnen Sie ihn mehrfach mit jeweils einigen Sekunden Verzögerung.
Variieren Sie die Belohnungsintervalle dabei, sodass es mal zwei oder mal fünf Belohnungen gibt, bevor der Hund aufstehen darf.
Das Zwischenziel ist es, dass Ihr Hund nun 20 Sekunden in der Position bleibt, ohne aufzustehen.

Schritt 8

Nun wird eine Entfernung zum Hund aufgebaut. Dabei können als Absicherung zusätzlich das Hörzeichen „Bleib" und das Handzeichen „ausgestreckte aufgestellte Handfläche" eingebaut werden. Der Hund wird also in die jeweilige Position gebracht und Sie bewegen sich mit dem Gesicht zum Hund rückwärts von diesem 2 bis 3 m weg, gehen dann sofort wieder auf ihn zu und belohnen ihn. Danach wird er wie gewohnt mit „Lauf" freigegeben.

Schritt 9

Die Ablenkungen sollten nun angemessen ansteigen. Zum einen können Alltagsbegegnungen genutzt werden, beispielsweise Hunde oder Menschen, die im Abstand vorbeigehen. Sobald diese Kontakt zu Ihrem Hund aufnehmen, müssen Sie ihn mit „Lauf" freigeben, da er in der Übung keine Chance hat, auszuweichen oder anderweitig zu kommunizieren.
Selbst können Sie Ihren Hund durch Hüpfen, Kniebeuge, Auf-der-Stelle-Laufen, Den-Hund-halb-Umrunden oder ausgelegte Leckerli oder Spielzeuge ablenken.

WENN DIE ÜBUNG NICHT KLAPPT

Der Hund lässt sich nicht in die „Platz"-Position locken?

Vor allem kleine Rassen können der Lockhand auch folgen, ohne sich hinzulegen. In diesem Fall kann man den Hund unter einem ausgestreckten Bein durchlocken. Dazu kreuzt der Arm mit der Leckerlihand das flach ausgestreckte Bein und „zieht" den Hund langsam unter dem Bein durch.

Sollte ein Hund dies verweigern, kann man versuchen, den Hund für Zwischenschritte wie die Annäherung an das Bein,

MIT SPIEGEL kann der Hund auch in abgewandter Position beobachtet werden.

das Strecken des Kopfes, das Einknicken der Vorderbeine, Beugen etc. zu belohnen.

Der Hund folgt der Hand nicht mehr, wenn er kein Leckerli mehr sieht oder riecht?

Nehmen Sie zunächst zwei Leckerli in die Hand und belohnen den Hund aber mit der Hand, die nicht das Handzeichen gibt. Auch das Einreiben der Handzeichenhand mit gut riechendem Futter, ohne selbst etwas darin zu halten, kann helfen, das Locken erfolgreich abzubauen.

Der Hund legt sich aus dem „Sitz-Bleib" häufig ins „Platz"?

Langes Sitzen ist für manche Hunde sehr anstrengend und je nach Körperbau und Gesundheit auch schmerzhaft, während das Liegen bequemer ist. In diesem Fall sollte der Hund eine „Bleib"-Übung lieber im Liegen absolvieren.

Falls Sie das „Platz" häufig aus der Übung „Sitz" verlangen, versuchen Sie dies möglichst zu ändern und die Übung zwischendurch immer „aufzulösen".

Der Hund folgt Ihnen aus der „Bleib"-Position?

Sorgen Sie dafür, dass er sich an dem „Bleib"-Ort sicher fühlt. Manchmal kann hier eine Übungsdecke helfen oder das Positionieren abseits von Passanten o. Ä. Damit das Aufstehen sich nicht lohnt, können Sie den Hund zunächst anleinen, denn so kann er sich Ihnen nicht annähern oder anderweitig beschäftigen. Rufen Sie den Hund nicht aus der „Bleib"-Position ab, sondern gehen immer wieder hin, um ihn in der Position zu belohnen und dort aufzulösen. Spezialübung „Einparken" (siehe Seite 62).

[a]

[b]

[a] **EINDEUTIGE SIGNALE** erleichtern dem Hund die Übung.

[b] **SITZENBLEIBEN** gelingt anfangs leichter, wenn der Mensch rückwärts weggeht.

[c] **BEI SITZ/PLATZ** wird der Hund nach dem Bleib belohnt und freigegeben.

[d] **LANGSAM STEIGERN** Damit man frühzeitiges Aufstehen und Folgen vermeidet, sollten Abstand und Dauer nur langsam gesteigert werden.

[e] **ZURÜCKBRINGEN** Wenn der Hund die Position selbstständig verlässt, sollte er zum Ausgangspunkt zurückgebracht werden.

[c]

[d]

[e]

DAS EINPARKEN sollte zuerst in ruhigen Situationen trainiert werden, damit der Hund dabei entspannen kann.

ÜBUNG: „EINPARKEN"

ZIEL Der Hund soll im nahen Körperkontakt zwischen den Beinen oder unter dem ausgebreiteten Arm seines Menschen sitzen oder liegen. In räumlich beengten Situationen, bei Angst oder Unsicherheit des Hundes sowie als Startritual vor Übungen kann diese Position praktisch genutzt werden.
MAN BRAUCHT Leckerli oder/und Clicker.
VORAUSSETZUNGEN Der Hund beherrscht die Übung „Sitz".

TRAININGSSCHRITTE

Schritt 1: Nähe fördern
Der Hund soll Vertrauen zu der Körpernähe aufbauen und diese positiv verknüpfen. Dazu wird er zunächst belohnt, wenn er unter dem Arm oder zwischen den gegrätschten Beinen steht. Der Mensch stellt sich vor den Hund, sodass dieser hinter ihm steht. Die Beine werden gegrätscht und der Hund mit Leckerli dazwischengelockt oder der Arm wird brückenartig vor den Hund gehalten und dann mit der anderen Hand unter diesen Arm gelockt und dort belohnt. Verzögern Sie die Belohnung zunehmend, sodass der Hund länger „eingeparkt" wartet.

Schritt 2: Eingeparkt sitzen
Wie in Schritt 1 wird der Hund gelockt, jedoch erst belohnt, wenn er sich auf Ihr Hand- und Hörzeichen hin setzt. Danach wird er mit „Lauf" freigegeben und Sie nehmen den Arm weg bzw. steigen vorsichtig vom Hund weg, sodass er die Position nicht selbstständig verlässt.

Schritt 3: Hörzeichen und Dauer
Geben Sie der Übung nun ein Hörzeichen, z.B. „Einparken", das Sie nennen, kurz bevor Sie die Beine grätschen oder den Arm ausstrecken. Belohnen Sie nach unterschiedlich langer „Parkdauer", z.B. nach 2, 10 oder 15 Sekunden.

Schritt 4: Ablenkung steigern

Trainieren Sie diese Position(en) an verschiedenen Orten mit steigender Ablenkung. Beim Auftauchen von Angstauslösern (z. B. Lkws, Lärm, Menschenmenge o. Ä.) halten Sie möglichst so viel Abstand, dass Ihr Hund „eingeparkt" noch fressen kann. Geben Sie Ihrem Hund in diesen Situationen viele Leckerli nacheinander, damit er diese Position als Zufluchtsort zu schätzen lernt.

WENN DIE ÜBUNG NICHT KLAPPT

Der Hund meidet den Körperkontakt und scheut sich, Ihnen körperlich so nah zu kommen?

Trainieren Sie die Kontaktaufnahme in anderer Form zu Hause vor, z. B. indem Sie sich mit ausgestreckten Beinen auf den Boden setzen und den Hund über Ihre Beine locken. Belohnen Sie kleine Schritte der Kontaktaufnahme in diesen Übungen und hören Sie auf, wenn der Hund gut mitarbeitet.

Der Hund hält in ängstigenden Situationen nicht die Position, sondern will weglaufen?

Die Ängste sollten zuerst einmal mithilfe eines qualifizierten Verhaltensspezialisten behandelt werden, sodass Ihr Hund in solchen Situationen ansprechbar und lernfähig sowie motivierbar für Futter wird. Erst dann können Sie in bedrohlichen Situationen die vortrainierte „Einpark"-Übung bei Ihrem Hund einsetzen.

IN STRESSIGEN SITUATIONEN kann das Einparken den Hund beruhigen…

… allerdings sollte er in dieser Position gerade dann intensiv belohnt werden.

[a] DER HUND schaut auf die hochgehaltene Hand und wird dabei gelobt bzw. geclickt.

[b] DIREKT DANACH bekommt er das Leckerchen aus der Hand.

[c] DAS „SCHAU" ohne Handzeichen lernt der Hund, wenn der Blick ins Gesicht gelobt und belohnt wird.

[d] AUSGELEGTE LECKERLI können eine Ablenkung beim „Schau" sein ...

[e] ... und werden zur Belohnung freigegeben, wenn der Hund mit „Schau" nachfragt.

ÜBUNG: „SCHAU"

ZIEL Auf ein Handzeichen (z.B. Hand auf Kopfhöhe) bzw. Hörzeichen hin soll der Hund seinen Menschen anschauen und den Blick auch halten, wenn Verlockungen auftauchen.
MAN BRAUCHT Leckerli, eventuell Clicker.
VORAUSSETZUNGEN Der Hund beherrscht die Übung „Sitz".

TRAININGSSCHRITTE

Schritt 1: Training des Handzeichens

Zuerst lernt der Hund das Verhalten und das Handzeichen mithilfe von Futter in der Hand kennen. Dazu nehmen Sie eine beliebte Belohnung in die Hand und lassen den Hund an dieser Hand schnuppern. Danach ballen Sie diese Hand zur Faust und halten sie auf Höhe Ihres Gesichts. Folgt der Hund mit seinem Blick, ohne Sie anzuspringen, loben/clicken Sie ihn und geben ihm das Futter aus der Hand. Wiederholen Sie diese Übung ca. 5- bis 10-mal pro Trainingseinheit mehrfach täglich.

Schritt 2: Zeitdauer ausdehnen

Die Zeit zwischen Hochgucken und Loben/Clicken wird nun langsam gesteigert, wenn Sie ohne Ablenkung üben. Zählen Sie hierzu im Stillen ab dem Moment des Hochschauens zwischen 2 und 10 Sekunden mit. Nur wenn er nicht wegschaut, loben und belohnen Sie Ihren Hund. Beobachten Sie ihn genau und loben ihn, kurz bevor er wegschauen würde.

Schritt 3: Training des Hörzeichens

Nun lernt der Hund das Hörzeichen kennen, indem Sie z.B. „Schau" sagen.

Zu Beginn wiederholen Sie 2- bis 3-mal die Übung aus Schritt 1. Dann sagen Sie das neue Hörzeichen, z.B. „Schau", kurz bevor Sie die Leckerlihand auf Höhe Ihres Gesichts halten. Nun wird wie gewohnt gelobt und belohnt.

Schritt 4: Handzeichen abbauen

Das Handzeichen wird abgebaut, indem Sie beide Hände (eine mit Leckerli gefüllt) hinter Ihrem Rücken verstecken. Sobald der Hund Ihnen ins Gesicht schaut, wird er gelobt/geclickt und belohnt. Macht er das zuverlässig, sagen Sie „Schau", sobald der Hund Blickkontakt aufnimmt. Lob/Click und Belohnung gibt es dann nach 1 bis 5 Sekunden Verzögerung.

Schritt 5: Selbst gebaute Ablenkungen einbauen

Beide Hände werden mit Leckerli gefüllt und als Verlockung eingesetzt, sodass der Hund erst über den Blickkontakt herankommt. Zuerst halten Sie die Hände seitlich ausgestreckt vom Körper weg. Sobald der Blick Ihr Gesicht streift, loben und belohnen Sie. Danach wird wieder eine Zeitverzögerung eingebaut, sodass der Hund 1 bis 5 Sekunden schauen muss, bevor er gelobt wird und die Belohnung aus den Verlockerhänden bekommt. Dabei sagen Sie das Hörzeichen „Schau", sobald der Hund den Blickkontakt sucht.

Schritt 6: Hände vor die Hundenase

Statt die Hände seitlich wegzustrecken, halten Sie sie mit Leckerli vor die Hundenase (bei großen Hunden auf Hüfthöhe oder bei kleinen Hunden im Sitzen zwischen den Knien) und üben dies wie in Schritt 5.

Schritt 7: Leckerli auf den Boden

Legen Sie ein Leckerli auf den Boden, hindern Sie Ihren Hund daran, es aufzunehmen (kurze Leine in der Hand), und sagen Sie „Schau". Sobald Ihr Hund hochguckt, loben/clicken Sie ihn und erlauben ihm, das Leckerli aufzunehmen.

WEITERE TRAININGS-MÖGLICHKEITEN

Je häufiger der Hund Sie mit dem Blickkontakt „um Erlaubnis fragt", desto besser wird er sich im Alltag lenken lassen. Verlangen Sie beispielsweise ein kurzes „Schau" in den folgenden Situationen, in denen statt eines Leckerli als Belohnung z. B. freilaufen, vorangehen, fressen oder Spielzeug eingesetzt werden:

- vor dem Ableinen
- vor dem Überqueren einer Straße
- vor dem Durchqueren einer Tür
- vor dem Freigeben des Futternapfs
- nach dem Hinlaufen zu einem ausgelegten oder geworfenen Spielzeug (eventuell absichern mit einer Leine)

WENN DIE ÜBUNG NICHT KLAPPT

Der Hund schaut zu früh weg und kann sich nicht über mehrere Sekunden konzentrieren?

Trainieren Sie die Übung unter geringerer Ablenkung, vielleicht erst einmal zu Hause, und verwenden Sie besonders hochwertige Leckerli.

Achten Sie darauf, dass der Hund dabei nicht von der Sonne geblendet wird oder Regen in die Augen bekommt. Hilfreich ist auch eine freundliche Körpersprache (z. B. sich nicht über den Hund zu beugen).

AN DER LANGEN LEINE darf der Hund schnüffeln, soll aber nicht ziehen.

WENN DER HUND an der Leine zieht, sollte er konsequent gestoppt werden.

WENN DIE LEINE locker ist und der Hund hochschaut, wird er belohnt.

ÜBUNG: LEINENFÜHRIGKEIT

Es liegt in der Natur des Hundes, beim Gassigang voller Energie und Neugier unterwegs zu sein. Dabei bremst die Leine leider häufig diese Unternehmungslust und wir haben einen Hund, der uns nach vorn, hinten, zur Seite zieht, je nachdem, wo es gerade etwas Interessantes zu entdecken gibt. Leider ist dieses ständige Tauziehen sowohl für den Hund als auch für den Menschen ziemlich unbequem und lästig. Menschen bekommen Schulter- und Rückenprobleme und Hunde einen verspannten Nacken. Zudem neigt ein Hund an straffer Leine eher zur Aggression und frustrationsbedingtem Bellen und ist häufig auch gegenüber Passanten unkontrolliert.

Um einen entspannten Gassigang zu erleben, sollte der Hund beim kleinen Einmaleins des Gehorsams auch das

Gehen an lockerer Leine, die sogenannte Leinenführigkeit, lernen. Im Gegensatz zum „Fuß"-Gehen darf der Hund bei der Leinenführigkeit auch schnüffeln und Abstand halten.

ZIEL Der Hund soll durch Ziehen an der Leine nicht vorankommen. Stattdessen muss er sich beim Erreichen des Leinenendes wieder an seinem Menschen orientieren, um weitergehen zu können. So lernt der Hund, dass er am Halsband nicht ziehen darf. Alternativ kann man ihm das Ziehen am Brustgeschirr jedoch erlauben.

MAN BRAUCHT Brustgeschirr, Halsband, doppelendige Leine.

VORAUSSETZUNGEN Der Mensch muss seinen Hund an Halsband und Leine sicher halten können. Wenn dies für Sie und Ihren Hund schwierig ist, ist es einfacher, sich von einem Profi individuell beraten zu lassen.

LEINENFÜHRIGKEIT ist besonders unter „erschwerten Bedingungen" wichtig.

DESHALB sollte der Hund lernen, auf einer Seite zu bleiben.

TRAININGSSCHRITTE

Schritt 1: Stop-and-go

Die Leine wird auf ca. 1,5 m Länge eingestellt und am Halsband befestigt. Zuerst wählen Sie eine ablenkungsarme Umgebung zum Training. Sobald der Hund an der Leine zieht, bleiben Sie abrupt stehen und gehen einen kleinen Schritt rückwärts. Wenn der Hund sich nach hinten umwendet, loben/clicken und belohnen Sie ihn. Nach ca. 20 bis 30 m wird der Hund am Geschirr befestigt und darf dann an der Leine ziehen.

Schritt 2: Geh neben mir

Die Übung von Schritt 1 wird hinsichtlich des Zeitpunkts von Lob/Click verändert: Sie gehen zunächst neben den sich umschauenden Hund und clicken/loben ihn erst, wenn er direkt neben Ihnen in der Geradeausposition steht.

Sollte der Hund dabei hinter Ihnen herum auf die andere Seite gehen, wird er davon abgehalten, indem Sie die Leine nicht herumführen, sondern festhalten. Erst wenn er wieder auf der gewünschten Seite geht, wird er belohnt.

Schritt 3: Überraschungsbelohnung

Das Loben/Clicken wird nun variabel eingesetzt, z. B. direkt nach dem Umschauen, in der Position neben dem Bein und nach einigen Metern Gehens an lockerer Leine. Sollte Ihr Hund sich Ihnen in der Hoffnung auf eine Belohnung in den Weg stellen, gehen Sie an ihm vorbei und belohnen ihn erst später.

Schritt 4: Verlockungen umrunden

Nun wird der Hund mit ausgelegten Leckerli oder Spielzeug verlockt, an der Leine zu ziehen. Dabei müssen Sie mit dem angeleinten Hund ausreichend

Abstand zur Verlockung halten und ihn angemessen belohnen, wenn er eine längere Zeit an lockerer Leine gegangen ist. Am Ende der Übung darf er das ausgelegte Leckerchen/Spielzeug mit der Aufforderung „Nimm" an locker mitgeführter Leine aufnehmen.

Schritt 5: Alltagsbegegnungen

Nun werden verschiedene Ablenkungen wie Passanten oder fremde Hunde in die Übung integriert, die lediglich vorbeigehen und zu denen Sie ausreichend Abstand halten. Hier bietet sich der Einsatz von Superleckerli an, die einen angemessenen Gegenwert zu der Ablenkung darstellen sollten.

Schritt 6: Ablenkungsreiche Situationen

An typischen „Zieh"-Stellen, beispielsweise auf dem Weg zur Hundewiese, nehmen Sie das Leinenende in die vom Hund abgewandte Hand und kontrollieren mit der ihm zugewandten Hand die Leine nahe am Halsband. Mit dieser begrenzenden Hand halten Sie die Leine neben oder sogar hinter Ihrem Bein fest. Dann gehen Sie mit dem Hund 1 bis 2 m, indem Sie die Leine für diese Strecke wieder locker nachgeben. Sobald der Hund die Leine wieder strafft, begrenzen Sie die Leinenlänge wieder auf den Bereich neben Ihrem Bein und beginnen erneut. Hierbei dürfen Sie die Leine nur festhalten und auf keinen Fall ruckartig daran ziehen.

WENN DIE ÜBUNG NICHT KLAPPT

Springt der Hund immer wieder kräftig in die Leine, springt Sie dabei an oder beißt in die Leine?

Da dies unterschiedliche Gründe haben kann, ist es wichtig, diese zu erkennen, um eine individuelle Lösung zu finden. Deshalb sollte professioneller Rat eingeholt werden.

EINER SPIELZEUGVERLOCKUNG am Boden soll der Hund an lockerer Leine begegnen.

DANN darf der Hund das Spielzeug als Belohnung holen und wird mit einem kurzen Spiel belohnt.

ÜBUNG: BEI-FUSS-GEHEN

Seinen Ursprung hat das „Fuß"-Gehen zwar im Hundesport, aber auch für viele Alltagssituationen ist diese Übung von praktischem Nutzen. Zusätzlich zum Halten der Nähe zum Menschen, wie bei der Leinenführigkeit, kommt beim „Fuß"-Gehen noch der Blickkontakt zum Menschen hinzu. Dieser innige Kontakt kann Hund und Halter problemlos durch ablenkungsreiche Situationen geleiten, ohne dass der Vierbeiner abgelenkt wird.

ZIEL Der Hund geht nah neben seinem Menschen und folgt diesem aufmerksam mit dem Blick. Diese Übung wird sowohl mit als auch ohne Leine (Freifolge) trainiert. Der Hund lernt für Alltagssituationen ein Handzeichen (angewinkelter Arm) und ein Hörzeichen (z. B. „Fuß" oder „Ran") als Signal für die Übung. Der Hund kann lernen, auf beiden Seiten „Fuß" zu gehen, wenn er sich auf das Handzeichen hin entweder rechts oder links positioniert.

MAN BRAUCHT Leckerli, eventuell Clicker, Leine und Halsband.

VORAUSSETZUNGEN Gute Erfolge bei den Übungen Leinenführigkeit (S. 67) und „Schau" (S. 65).

TRAININGSSCHRITTE

Schritt 1: Locken

Die Leine wird in der vom Hund abgewandten Hand gehalten. Bei Verwendung des Clickers wird die Leine dabei um das Handgelenk gewickelt, sodass die Hand zusätzlich auch den Clicker halten kann.

Der Hund wird zuerst auf ein Leckerli in der Hand aufmerksam gemacht und damit gelockt. Dann gehen Sie einige Schritte vorwärts, um den Hund parallel zu Ihrem Bein auszurichten. In dieser Position wird er belohnt, wenn er nicht hochspringt.

Nehmen Sie ein weiteres Leckerli in die Hand und winkeln diesen Arm an, sodass der Hund diesem Handzeichen mit dem Blick folgt. Für diesen Blickkontakt wird der Hund mit Lobwort/Click und Leckerli belohnt. Er kann dabei stehen oder sitzen.

Üben Sie diese Position in allen Trainingsschritten sowohl links als auch rechts. Am Ende der Übung wird der Hund immer mit „Lauf" freigegeben.

Schritt 2: Grundstellung und Hörzeichen

Trainieren Sie wie in Schritt 1, nur dass Sie vor der Belohnung abwarten, dass Ihr Hund sich hinsetzt und hochschaut. Diese Position nennt man Grundstellung und stellt die Ausgangsposition für das „Fuß"-Gehen dar. Starten Sie mit dem hundeseitigen Bein und gehen einige Schritte geradeaus. Dabei soll der Hund Ihnen mit Blick auf das Handzeichen (angewinkelter Arm) folgen. Sagen Sie das Hörzeichen „Fuß", wenn der Hund Ihnen beim Losgehen zuverlässig folgt. Danach loben und belohnen Sie den Hund in dieser Position.

Schritt 3: Übung verlängern

Aus der Parallelposition starten Sie wie in Schritt 2 beschrieben. Dabei halten Sie den Arm angewinkelt hoch und loben/clicken den Hund, wenn er Ihrer Bewegung folgt und dabei hochschaut. Je nach

Ablenkung und Motivation kann der Hund bereits nach 1 bis 2 Schritten oder erst nach bis zu 10 Schritten belohnt werden. Dabei ist es wichtig, den Hund für ein längeres Hochschauen während des Gehens zu belohnen.

Die Übung wird in dieser Phase immer noch unter geringer Ablenkung so trainiert, dass der Hund nicht weiß, wann er die Belohnung bekommt. Das Prinzip der sogenannten variablen Belohnung macht das Verhalten stabiler und hält den

DAS AUFMERKSAME FOLGEN beim „Fuß" hält Hund und Mensch zusammen.

Hund davon ab, nach einer Belohnung unaufmerksam zu werden. Der Hund wird also beispielsweise in der Abfolge von 4, 7, 1 Schritten mit Blickkontakt belohnt.

Schritt 4: Alltagssituationen

Nun wird die Übung zunehmend unter Ablenkung trainiert. Dies kann z. B. eine belebte Straße, ein Gartenzaun, hinter dem Hunde laufen, ein Vorbeigehen an Passanten mit und ohne Hund oder an Ball spielenden Kindern sein. Je nach den Interessen des Hundes sollten der Abstand zur Ablenkung und die Qualität der Belohnungen angepasst werden.

Schritt 5: Futter abbauen

Zunächst wird ohne Ablenkung daran gearbeitet, das Futter als Lockmittel abzubauen. Dazu wird wie zuvor der Arm angewinkelt, die Hand ist aber leer und stattdessen bleibt das Leckerli in einer schnell erreichbaren Leckerlitasche. Sobald der Hund eine gute „Fuß"-Position anbietet, wird er gelobt (Lob/Click) und sofort mit einem Leckerli aus der Tasche in dieser Position belohnt.

Schritt 6: Freifolge vorbereiten

In Situationen, in denen der Hund die Übung an der Leine bereits zuverlässig ausführt, kann man die Leine zuerst mitschleifen und später ganz weglassen.

Schritt 7: Verlockungen auslegen

Legen Sie die Belohnung (Ball oder Leckerli) auf den Boden und gehen mit dem Hund im „Fuß" einige Schritte daran vorbei, darum herum oder davon weg. Wenn der Hund parallel neben dem Bein mit Blickkontakt geht, wird er gelobt (Lob oder Click) und wird mit „Nimms" zum Futter/Spielzeug geschickt.

WENN DIE ÜBUNG NICHT KLAPPT

Der Hund folgt dem Bein nicht, sondern stellt sich quer oder weit entfernt auf?

Biegen Sie häufiger in die vom Hund abgewandte Richtung ab und motivieren ihn durch Locken mit dem Futter in der Hand, sich Ihnen verstärkt anzuschließen.

Der Hund springt hoch und versucht an das Futter in der Hand zu kommen?

Halten Sie den Arm höher und näher an Ihrem Körper (z. B. auf Brust- oder Halshöhe) und senken den Belohnungsarm blitzschnell, wenn der Hund einige Schritte nicht hochgesprungen ist. Die Belohnung muss schneller beim Hund ankommen, als dieser hochspringen kann.

Unter stärkerer Ablenkung kann der Hund sich nicht mehr auf die Übung konzentrieren?

Halten Sie größeren Abstand, beispielsweise indem der Hund auf der vom ablenkenden Reiz abgewandten Seite geführt wird. Hierfür ist es wichtig, vorher beide Seiten trainiert zu haben. Üben Sie häufiger mit leichterer Ablenkung und verwenden Sie ein besonderes Superleckerli.

Der Hund verlässt die Übung frühzeitig, z. B. um zu schnüffeln?

Achten Sie darauf, den Hund ausreichend zu motivieren und mit dem Handzeichen zu locken. Beenden Sie die Übung besonders deutlich, beispielsweise, indem der Hund noch einmal „Sitz" macht, bevor er mit „Lauf" freigegeben wird.

[a]

[b]

[a] **SITZ MIT BLICKKONTAKT** seitlich neben dem Menschen ist eine gute Ausgangsposition zur Zusammenarbeit.

[b] **BEIM GEHEN** sollte der Blickkontakt abgewartet und gelobt werden.

[c] **NACH DEM LOB** sollte der Hund in der erwünschten Position belohnt werden.

[d] **OHNE LEINE** führt die Übung zur „unsichtbaren Leine".

[e] **MIT ABLENKUNG** Das „Fuß"-Gehen kann auch unter Ablenkung durch herumliegende Verlockungen trainiert werden.

[c]

[d]

[e]

Lass uns gemeinsam
WAS ERLEBEN

JEDER HUND HAT EIGENE TALENTE, MIT DENEN MENSCH UND HUND GEMEINSAM SPASS HABEN KÖNNEN. AM BESTEN PROBIEREN SIE FÜR SICH UND IHREN HUND DIE ÜBUNGEN AUS, DIE IHNEN GEFALLEN. DAZU BRAUCHEN SIE ZEIT, GEDULD UND AUCH EIGENE IDEEN, UM IHREN VIERBEINER ALS TEAMPARTNER ZU GEWINNEN. WENN ES GELINGT, KÖNNEN SIE JEDE MENGE SPASS UND ZUSAMMENHALT ERWARTEN.

[a]

[b]

[c]

[a] ZUERST LERNT DER HUND, den Zeigefinger mit der Nase zu berühren.

[b] DAS VERFOLGEN des Führarms kann z. B. durch kreisförmiges Wegstrecken trainiert werden.

[c] IN UNGEWÖHNLICHEN POSITIONEN wird dem Hund die Bedeutung des Führarms noch deutlicher.

[d] IN EINEM VIERECK aus Stangen kann der Hund außen herum geführt werden....

[e] ... ODER ER LERNT z. B. in „Achten" oder im Slalom zu folgen.

[d]

[e]

Wald-und-Wiesen-Agility

Die Natur hält viele Parcourselemente für sportliche und abenteuer-lustige Hunde und Menschen bereit. Wer mit wachem Blick unterwegs ist, kann fast überall „Agility to go" trainieren.

ÜBUNG: FINGERTARGET, FÜHRHANDTRAINING

ZIEL Der Hund lernt einer richtungs-weisenden Hand zu folgen und dabei auch Hindernisse zu überwinden. Dabei wartet der Hund im „Sitz", bevor er auf Aufforderung der Zeigegeste folgt.
MAN BRAUCHT Verschiedene Hindernisse oder Markierungen, z. B. Stöcke im Waldboden.
VORAUSSETZUNGEN „Sitz"

TRAININGSSCHRITTE

Schritt 1: Fingertarget
Der Hund lernt einem ausgestreckten Zeigefinger zu folgen. Nehmen Sie Futter in die Hand und machen eine ausladende Armbewegung vor Ihrem Körper. Folgt der Hund der Hand und berührt sie mit der Nase, wird er gelobt/geclickt und bekommt eine Belohnung.

Schritt 2: Verschiedene Positionen anlaufen
Der ausgestreckte Zeigefinger wird in verschiedenen Positionen gezeigt: nahe dem Körper, weggestreckt vom Körper, an einem Baum hochzeigend. Immer wenn der Hund gegen die Finger tippt, loben und belohnen Sie ihn.

Schritt 3: Längere Zeit folgen
Der Zeigefinger wird vom Hund weg-bewegt, sodass dieser mehrere Schritte folgen muss, um dagegenzutippen.

Schritt 4: Folgen um Hindernisse
Die dem Hund zugewandte Hand wird mit ausgestrecktem Zeigefinger so um einzelne Hindernisse (z. B. Baum/Poller) geführt, dass der Hund um diese herum-läuft. Loben/clicken Sie Ihren Hund an-schließend und belohnen ihn mit einem Leckerchen.

Schritt 5: Führhandquadrat
Vier Stöcke werden in einem Quadrat von 1 bis 2 m als Eckpunkte in den Bo-den gesteckt. Der Hund wird nun mit dem Handtarget abwechselnd herum ge-führt, wobei es mehrere Möglichkeiten gibt: außen herum, im Slalom, in Achten oder jeden einzelnen Stock umrundend.

WENN DIE ÜBUNG NICHT KLAPPT

Der Hund ist unkonzentriert und arbeitet nicht mit?
Die Motivation des Hundes zur Mit-arbeit sollte größer sein als sein Interesse an der Umwelt. Achten Sie deshalb darauf, dass Sie in einer Umgebung mit angemessener Ablenkung trainieren.

TRAINIERTE HUNDE können auch außergewöhnliche Slalomstangen durchlaufen.

Der Hund ist passiv und beobachtet die Bewegungen zwar, folgt ihnen aber nicht?

Die Körpersprache des Menschen sollte einladend und auffordernd sein. Bei einem sensiblen Hund sollten Situationen mit Darüberbeugen oder bedrohlich wirkende Armbewegungen bewusst vermieden werden.

ÜBUNG: NATURSLALOM

Überall dort, wo zwei oder mehr Hindernisse nah beieinander in einer Linie stehen, kann man „Slalom" trainieren. Beispielsweise eignen sich Baumreihen, Absperrpoller oder Begrenzungspfähle dazu. Man kann sich auch Pferdekoppel-Litzenstangen besorgen (ins Auto legen, dann haben Sie sie bei Bedarf gleich zur Hand) und diese unterwegs aufbauen. Es sollte immer eine gerade Anzahl an Slalomelementen geplant werden. Beim Slalom im richtigen Agility geht es darum, zwischen zwei oder mehr

Stangen von links nach rechts beginnend durchzulaufen und (bei mehr als zwei Stangen) von rechts nach links zurück, um sich erneut einzufädeln.

ZIEL Durchschlängeln zwischen zwei oder mehr Hindernissen, beginnend von links nach rechts, sodass beim Start das erste Element neben der rechten Schulter steht.

MAN BRAUCHT Eine gerade Anzahl schmaler Hindernisse im Abstand bis max. 1 m nebeneinander.

VORAUSSETZUNGEN Der Hund beherrscht die Übung „Sitz" und bleibt auch, wenn der Mensch einige Meter weggeht.

TRAININGSSCHRITTE

Schritt 1: Startposition und Durchlocken

Der Hund wird so positioniert, dass er schräg links neben dem ersten Slalomelement sitzt. Hierzu eignet sich auch die Übung „Einparken" als Startritual.

Das Sitzenbleiben in dieser Position wird gelobt/geclickt. Die dem Hund zugewandte Hand (Hund und Mensch stehen in Laufrichtung zum Slalom) wird als Handtarget hinter das zweite Slalomelement gehalten, sodass der Hund zwischen zwei Elementen hindurchgeht und hinter dem zweiten Element gelobt und belohnt wird.

Schritt 2: Mehrfach nacheinander Einfädeln

Wenn vier oder mehr Elemente vorhanden sind, können Sie dieses Einfädeln zwischen zwei Hindernissen in Serie üben. Der Hund kommt nach dem Einfädeln zwischen dem 1. und 2. Element von links nach rechts wieder nach links, um dann erneut zwischen dem 3. und 4. Element, dem 5. und 6. etc. einzufädeln. Hierbei wird der Hund hinter jedem richtigen Einfädeln (also hinter jedem 2. Element) gelobt und belohnt.

Schritt 3: Handzeichen reduzieren

Sobald der Hund zuverlässig zwischen den Slalomelementen einfädelt, kann man das Handzeichen auf ein kleines Startzeichen reduzieren (Fingertarget nur kurz andeuten). Der Hund wird nun für sein selbstständiges Einfädeln belohnt.

Schritt 4: Slalom durchlaufen

Bei mehreren Elementen wird der Hund erst nach zwei oder mehr Slalomkringeln belohnt. Nach jedem einzelnen Einfädeln wird er schnell mit einem Handzeichen (Fingertarget) neu angesetzt und so aufgefordert, mehrere Slalomkringel zu laufen.

Schritt 5: Varianten

Damit der Hund etwas Abwechslung im Training bekommt und somit noch aufmerksamer den Handzeichen folgt, können Sie den Hund auch um zwei Elemente eine Acht laufen lassen.

ÜBER EIN HANDZEICHEN wird der Hund um das eine Hindernis geschickt ...

...und dann im Wechsel zu einem benachbarten anderen, um eine Acht zu laufen.

WENN DIE ÜBUNG NICHT KLAPPT

Der Hund läuft nicht hinter das Slalomelement und folgt dem Handtarget nicht?

Prüfen Sie, ob Ihr Hund sich überhaupt durch und hinter die Elemente führen lässt. Falls er unsicher in Bezug auf den Boden und die Slalomelemente reagiert, locken Sie ihn spielerisch mit Futter oder Spielzeug kreuz und quer durch den Bereich.

Der Hund bricht das Einfädeln häufig ab und tritt vor das 2. Slalomelement?

Suchen Sie anfangs schlanke und kleine Elemente (z. B. Poller) zum Trainieren. Wenn Sie an Bäumen (oder anderen großen und hohen Elementen) trainieren, helfen Sie Ihrem Hund durch Herumstrecken der Führhand hinter dem Stamm. Hierfür eignet sich auch ein Targetstick.

ÜBUNG: SCHWEBEBALKEN

Lang gestreckte Gegenstände, wie z. B. liegende Baumstämme oder flache Mauern, sind ideal zum Balancieren geeignet. Hierbei trainieren Sie den Gleichgewichtssinn und fördern die Feinmotorik Ihres Hundes.

ZIEL Der Hund springt nach Aufforderung auf ein „Klettergerät" und lässt sich hier zum Hinüberlaufen, Stoppen, Sitzen und, wenn der Platz es zulässt, auch zum Wenden motivieren.
MAN BRAUCHT Eine Balancierebene, die in Höhe und Breite zur Körpergröße des Hundes passt.
VORAUSSETZUNGEN Der Hund folgt dem Handtarget.

TRAININGSSCHRITTE

Schritt 1: Aufgang

Das Hochspringen auf den „Schwebebalken" wird durch schwungvolles Locken mit Futter in der Targethand erreicht. Der Hund braucht dabei oft einige Schritte Anlauf, um Schwung zu holen. Entsprechend sollten Sie Ihren Vierbeiner mit Abstand zum Gerät und einer schnellen Armbewegung locken. Nach dem Aufspringen auf das Gerät wird er sofort belohnt und darf wieder abspringen.

Schritt 2: Balancieren

Nach dem Aufgang legen Sie Ihrem Hund zügig jeweils im Abstand von 0,5 bis 1 m ein Leckerli auf die Balancierebene, sodass er mit nach unten gerichtetem Blick über das Gerät balanciert. Hier ist das Handtarget nicht sinnvoll, weil der Hund beim Nach-oben-Schauen leicht abrutscht. Am Ende angekommen, kann das Handtarget den Hund jedoch zum Abspringen locken.

Schritt 3: Turnübungen

Durch Übungen wie „Sitz", „Platz", „Stopp" und Kehrtwendung auf dem „Schwebebalken" kann man eine richtige Kür zusammenstellen. Dabei sollte der Hund bei Unsicherheiten gern noch mal in die jeweilige Position gelockt werden. Hier ist besonders darauf zu achten, dass die lockende Hand den Hund in eine stabile Position bringt. Für die Übungen Kehrtwendung und „Platz" muss eine ausreichend breite Balancierstelle vorhanden sein, ansonsten sollten diese Übungen aus Sicherheitsgründen eher weggelassen werden.

[a]

[b]

[a] **FÜHRHAND** Die dem Hund zugewandte Hand wird zur „Führhand".

[b] **BEIM AUFSPRINGEN** sollten die Pfoten einen guten Halt finden.

[c] **DAS BALANCIEREN** erfordert eine gute Körperbeherrschung.

[d] **SITZ UND DREHUNGEN** Unterwegs kann der Hund anhalten, „Sitz" oder Drehungen machen.

[e] **NACH DEM WENDEN** auf oder neben dem „Turngerät" geht es zurück.

[c]

[d]

[e]

NATURHINDERNISSE animieren zum Outdoor-Agility beim Gassigang und sind vielfältig nutzbar.

WENN DIE ÜBUNG NICHT KLAPPT

Der Hund springt nicht auf die Balancierebene?

Achten Sie darauf, den Hund mit der Höhe des Elements nicht zu überfordern. Gerade bei den ersten Übungen muss der Hund schnell zum Erfolg und zum sicheren Stand kommen. Sensible Hunde, die beim ersten Versuch abrutschen, können schnell den Spaß daran verlieren.

Der Hund springt auf, bleibt aber nur kurz auf dem Gerät und springt zur Seite ab?

Suchen Sie anfangs besonders niedrige, breite und stumpfe Flächen (z. B. kleine Mauern), auf denen der Hund die Balancierübung kennenlernen kann. Besonders nasse oder mit Moos bewachsene Baumstämme sind oft glitschig, sodass die Pfoten darauf keinen Halt finden und die Hunde abrutschen.

ÜBUNG: ALLEZ HOPP

Das Überspringen von Hürden lässt sich unterwegs leicht mit diversen niedrigen Mauern, Hecken oder umgestürzten Bäumen oder Ästen trainieren. Dabei kommt es nicht darauf an, dass der Hund hoch springt, denn dadurch steigt nur die Verletzungsgefahr. Beim „Hopsen" geht es stattdessen eher um die Konzentration und Geduld des Hundes. Der Mensch lernt hierbei intensiv über Körpersignale zu kommunizieren.

ZIEL Der Hund überspringt eine oder mehrere Barrieren auf Kommando, jedoch erst nach Aufforderung.

wird der Hund mit der ausgestreckten Leckerlihand mit Schwung über die Hürde gelockt und nach dem Sprung belohnt.

Schritt 3: Abrufen aus der Distanz

Die Distanz zum wartenden Hund wird immer weiter erhöht, sodass Sie bis zu 4 m hinter das Hindernis gehen, bevor Sie Ihren Hund zum Sprung rufen.

Schritt 4: Abrufen aus verschiedenen Positionen

Verändern Sie Ihren Standort, der bisher hinter der Hürde war, auch auf seitliche Bereiche. Auch der Sitzplatz Ihres Hundes sollte seitlich versetzt werden, sodass er trotz abseitiger Position die Hürde anläuft und überspringt.

Schritt 5: Sprungfolge

Mehrere Äste hintereinander oder eine Mauer bieten die Möglichkeit, Sprünge in Folge zu üben. Ob Geradeaus- über mehrere Hindernisse oder Hin-und-her-Springen von einer Seite der Hürde zur anderen, agile Hunde und Menschen kommen jetzt erst richtig in Schwung!

WENN DIE ÜBUNG NICHT KLAPPT

Der Hund springt nicht über die Hürde?

Achten Sie darauf, den Hund mit der Höhe des Elements nicht zu überfordern. Nehmen Sie anfangs eher niedrige und schmale Elemente.

Der Hund setzt auf den Hürden auf?

Nutzen Sie schmalere Hürden und achten Sie beim Handzeichen darauf, den Hund mit einer besonders ausladenden Arm-bewegung zu locken.

MAN BRAUCHT Sprungelemente, die schmal und höchstens 10 cm höher sind als der Hund (z. B. Hecken, Mauern, am Boden liegende Baumstämme oder Äste). **VORAUSSETZUNGEN** „Sitz" und „Bleib".

TRAININGSSCHRITTE

Schritt 1: Warten

Zuerst lernt der Hund ca. 1 m hinter dem Sprunggerät zu warten. Hierzu geben Sie Ihrem Hund die Übung „Sitz-Bleib" auf, während nur Sie über oder um das Gerät herumgehen und dann zurück zu Ihrem Hund kommen, um ihn im „Sitz" zu belohnen.

Schritt 2: Abrufen aus der Nähe

Der Hund wird wieder in 1 m Distanz zum Sprunggerät in die „Sitz"-Position gebracht und dafür belohnt. Danach

Tricks für unterwegs

Durch gemeinsam erarbeitete Tricks verbessern sich die Hund-Mensch-Bindung, das Vertrauen und die Bereitschaft zur Mitarbeit des Hundes.

ÜBUNG: „UND DURCH"

Ob Slalom oder Achten – durch Ihre Beine können Sie Ihrem Hund viele Tricks für unterwegs beibringen. Der Hund lernt den engen Körperkontakt zum Menschen hierbei von einer ganz anderen Seite kennen.

ZIEL Der Hund schlängelt sich beim gemeinsamen Vorwärtsgehen durch die Beine des Menschen.
MAN BRAUCHT Einen Hund, der unter den Beinen des Menschen hindurchpasst, und Leckerli.
VORAUSSETZUNGEN Handtarget.

TRAININGSSCHRITTE

Schritt 1
Ihr Hund steht links neben Ihnen. Stellen Sie das rechte Bein nach vorn. Nun locken Sie den Hund mit der rechten Hand durch die gegrätschten Beine hindurch und belohnen ihn danach.

Schritt 2
Der Hund steht nach Schritt 1 rechts von Ihnen. Machen Sie mit dem linken Bein einen großen Schritt nach vorn, locken den Hund mt der linken Hand unter dem Bein durch und belohnen ihn dort.

Schritt 3
Nehmen Sie in beide Hände Leckerli und führen die Schritte nacheinander so aus, dass der Hund in einer flüssigen Schlängelbewegung abwechselnd nach links und rechts gelockt wird. Er wird hierbei noch auf jeder Seite belohnt.

LOCKEN Der Hund wird mit dem Finger-target oder einer Leckerlihand durchgelockt.

Schritt 4

Wenn der Hund die gegrätschten Beine als Zeichen für „Slalom" erkennt, kann das Locken reduziert werden. Hierfür ist es sinnvoll, die Hand mit dem Leckerli auf Hüfthöhe zu halten. Nach einigen erfolgreichen Durchläufen, in denen der Hund noch auf jeder Seite belohnt wurde, gibt es später erst nach zwei bis sechs Durchläufen ein Leckerli.

Variante „Acht durch die Beine"

Sie stehen frontal vor Ihrem Hund mit gegrätschten Beinen und locken ihn mit der linken Hand hinter Ihrem Po von vorn nach hinten darunter durch. Danach locken Sie ihn mit der linken Hand seitlich am linken Bein vorbei wieder nach vorn. Dann locken Sie mit der rechten Hand von vorn nach hinten und wieder seitlich vorbei nach vorn.

Variante „Slalom rückwärts"

Sowohl Sie als auch Ihr Hund bewegen sich rückwärts. Halten Sie dazu ein Leckerli vor die Nase Ihres Hundes und locken ihn in eine Rückwärtsbewegung. Sobald er dies zuverlässig über mehrere Schritte schafft, wird er mit der Leckerlihand rückwärts zwischen die gegrätschten Beine gelockt und dort belohnt. Sobald der Hund rückwärts durch ist, treten Sie einen großen Grätschschritt zurück und locken ihn von der anderen Seite rückwärtsgerichtet zwischen den Beinen durch.

BEIM DURCHQUEREN wird anfangs jedes Mal gelobt und sofort belohnt.

IN DIESER POSITION kann der Hund eine „Acht" laufen.

EIN DYNAMISCHER SPRUNG braucht anfangs einen entsprechenden Anreiz: Das Leckerli fliegt.

ÜBUNG: „UND DRÜBER"

Ein beliebter Trick ist das Überspringen der Beine des Menschen durch den Vierbeiner. Er kann beispielsweise als Element beim Dogdancing oder Frisbeespielen eingesetzt werden. Eine Variante ist das Durchspringen kreisförmig ausgestreckter Arme. Diese Übung erfordert eine gute Abstimmung zwischen Beiden und fördert das gegenseitige Vertrauen.

ZIEL Der Hund überspringt das ausgestreckte Bein seines Menschen.
MAN BRAUCHT Leckerli.
VORAUSSETZUNGEN keine.

TRAININGSSCHRITTE

Schritt 1
Sie setzen sich mit ausgestreckten Beinen auf den Boden und locken Ihren Hund mit der gegenüberliegenden Hand über die am Boden liegenden Beine. Sobald er darübersteigt oder -springt, loben und belohnen Sie ihn. Dann wiederholen Sie die Übung von der anderen Seite.

Schritt 2
Knien Sie sich hin und strecken ein Bein dabei nach vorn von sich weg. Nehmen Sie in jede Hand Leckerli und werfen jeweils eines für den Hund sichtbar auf

JE SICHERER der Hund springt, desto später kann die Belohnung gegeben werden.

Höhe des ausgestreckten Knies auf die vom Hund aus abgewandte Seite. Loben Sie den Hund beim Sprung, lassen ihn das Leckerli suchen und starten von der anderen Seite.

Schritt 3

Sobald der Hund sicher springt, benennen Sie das Verhalten mit einem Hörzeichen (z. B. „Hopp"). Werfen Sie das Futter nur beim ersten Sprung und belohnen danach nach erfolgtem Sprung aus der Hand.

Schritt 4

Verändern Sie die Position in eine hockende und später auch stehende Position mit jeweils ausgestelltem Bein. Dabei können Sie eine Drehung um die eigene Achse einbauen, sodass der Hund Ihnen noch aufmerksamer folgen muss.

WENN DIE ÜBUNG NICHT KLAPPT

Der Hund springt mit den Pfoten an Ihnen hoch, statt Sie zu überspringen?

In Schritt 1 sollten rasche Lockbewegungen mit ausgestrecktem Arm den Hund zum Hinterherspringen motivieren. In allen anderen Schritten mit aufgestelltem Bein sollte der Hund, abhängig von seiner Sprungkraft und Größe, eine zu bewältigende Beinhöhe angeboten bekommen.

ÜBUNG: „VORAUS UND RUM"

Viele Hunde rennen leidenschaftlich gern. Auch dies kann als Beschäftigungsaufgabe in geordnete Bahnen gelenkt werden. Das auch als „Detachieren" bezeichnete Vorausschicken des Hundes kommt ursprünglich aus der Rettungshundearbeit, kann aber auch auf normalen Gassirunden Spaß bringend eingesetzt werden.

ZIEL Der Hund läuft auf Kommando (z.B. „Voran") auf einen Gegenstand zu und darum herum. Er kann sowohl rechts- als auch linksherum geschickt werden.

MAN BRAUCHT Spielzeug oder Futterdummy, Pfosten, Bäume, Büsche, Strohballen u.Ä.

VORAUSSETZUNGEN Der Hund hat großes Interesse an einem Spielzeug oder Futterdummy.

TRAININGSSCHRITTE

Schritt 1: Einfaches Umrunden

Locken Sie den Hund an einem dünnen Baum mit dem Spielzeug, indem Sie das Spielzeug hinter dem Baum von der einen in die andere Hand übergeben (als würden Sie den Baum umarmen). Wenn der Hund folgt und hinter dem Baum ist, wird er gelobt und noch hinter dem Baum mit dem Ball belohnt. Wiederholen Sie dies an verschiedenen Gegenständen und zunächst immer in die gleiche Richtung.

Schritt 2: Lockhand weglassen

Führen Sie den Hund in Wurfhaltung so auf einen Baum zu, dass er in Erwartung des Werfens vorausläuft. Werfen Sie den Ball dann auf die andere Seite, sodass der Hund den Baum umrundet. Benennen Sie das Verhalten z.B. mit „Linksrum", wenn Ihr Hund von rechts nach links umrundet.

Schritt 3: Andere Richtung

Trainieren Sie die neue Richtung wie in Schritt 2 so, dass der Hund durch Ihre Körpersprache beim Andeuten des Werfens von der anderen Baumseite startet. Wenn dies klappt, sagen Sie dazu das Kommando, z.B. „Rechtsrum".

Schritt 4: Anspruch steigern

Trainieren Sie zunehmend an dickeren Bäumen oder Büschen und mit mehr Entfernung zum Objekt.

WENN DIE ÜBUNG NICHT KLAPPT

Ihr Hund klebt zu sehr an Ihnen und läuft nicht voraus?

Legen Sie das Spielzeug oder ein Futterstück hinter den zu umrundenden Punkt. Sobald Ihr Hund dahin läuft, gehen Sie ein Stück in der Umrundungsrichtung mit. Loben Sie Ihren Hund und belohnen ihn mit einer weiteren Spielzeug- oder Futterbelohnung, wenn er die Runde gelaufen ist.

Das Umrunden klappt nur unzuverlässig und oftmals unterbricht der Hund die Runde?

Bauen Sie die Distanz in kleinen Schritten auf. Dazu ist es sinnvoll, dass der Hund das Umrunden an verschiedenen Orten lernt und dabei jeweils nur 5 bis 10 cm Distanzerhöhung hinzukommen. Achten Sie außerdem auf Ihre deutliche und eindeutige Körpersprache.

Apportieren

Wenn Hunde lernen, ihre Beute mit dem Menschen zu teilen, eröffnen sich ganz neue Dimensionen – schön, wenn Hund und Mensch bei dieser kontrollierten Jagd zum Team werden.

ÜBUNG: FÜR DEN KLEINEN HUNGER ZWISCHENDURCH

Fast jeder Hund kann lernen, seine „Brötchen selbst zu verdienen". Eine gute Möglichkeit, den Hunger unterwegs zu stillen, ist es, wenn der Hund einen mit Futter gefüllten Beutel (sog. Futterdummy) apportiert.

ZIEL Der Hund nimmt den Futterbeutel ins Maul und bringt ihn zu seinem Menschen. Dieser Futterdummy kann zuvor geworfen oder versteckt werden.

MAN BRAUCHT Einen robusten, mit Futter befüllbaren Beutel mit einem Reiß- und/oder Klettverschluss, den sog. Futterdummy.

VORAUSSETZUNGEN Der Hund sollte gern Dinge ins Maul nehmen; er beherrscht „Sitz" und eventuell „Schau".

TRAININGSSCHRITTE

Schritt 1: Die Angel für den Hund

Der Futterdummy wird anfangs an einer ca. 2 m langen Leine befestigt. Der mit Leckerli gefüllte Dummy wird dem Hund

DAS NAHE HERANBRINGEN der „Beute" erfordert vom Hund viel Vertrauen ...

so vor die Nase gehalten, dass er den Inhalt riechen kann. Dann werfen Sie ihn an der Leine 1 bis 2 m weit weg, sodass Ihr Hund hinterherspringt. Sobald Ihr Hund den Dummy ins Maul nimmt, ziehen Sie ihn mit dem Dummy an der Leine heran. Dabei sollte jeder Moment des Festhaltens und Auf-Sie-Zukommens mit lobendem und lockendem Zureden begleitet werden. Wenn der Hund bei Ihnen angekommen ist, zeigen Sie ihm ein Leckerchen in Ihrer Hand und tauschen den Dummy dagegen ein. Daraufhin öffnen Sie den Dummy und der Hund darf kurz daraus fressen.

Schritt 2: Der Hund an der Angel

Die Übung bleibt wie in Schritt 1, allerdings wird die Leine nun am Halsband oder Geschirr des Hundes befestigt statt am Dummy. Sobald der Hund den Dummy ins Maul nimmt, loben und locken Sie ihn mit einem Tauschleckerli in der Hand. Sollte er sich jedoch mit dem Dummy hinlegen, ziehen Sie ihn sanft zu sich und loben und locken trotzdem jeden Schritt auf Sie zu.

Schritt 3: Heranlocken

Wenn der Hund in Schritt 2 ohne Zug an der Leine zu Ihnen kommt, lassen Sie die Leine weg. Dabei kann es helfen, den Hund nach dem Aufnehmen des Dummys durch Weggehen und Hinhocken zum Bringen zu animieren. Nach wie vor wird der Hund beim Heranbringen mit dem Leckerchen belohnt und darf dann auch noch aus dem Dummy fressen.

Schritt 4: Aus dem Dummy belohnen

Das Tauschleckerli wird weggelassen, der Hund wird nur noch aus dem Dummy belohnt.

Schritt 5: Warten vor dem Start

Halten Sie den Hund an der kurz gefassten Leine, während Sie den Dummy einige Meter weit wegwerfen. Verlangen

…und wird belohnt, wenn der Mensch diese mit seinem Vierbeiner teilt.

Sie ein „Sitz" und eventuell auch ein „Schau", bevor Sie Ihrem Hund mit einer Aufforderung (z. B. „Such") erlauben, zum Dummy zu rennen. Wiederum sollten Sie ihn aus dem Dummy fressen lassen, wenn er Ihnen diesen bringt.

Schritt 6: Verstecken Level 1

Befestigen Sie die Leine des Hundes an einem Baum o. Ä. und gehen einige Meter weit weg, um den Dummy dort fallen zu lassen. Dann gehen Sie zu Ihrem Hund und verlangen ein „Sitz" und eventuell auch ein „Schau", bevor Sie die Leine losmachen und ihn mit z. B. „Such" schicken. Wie immer aus dem Dummy belohnen.

Schritt 7: Verstecken Level 2

Die Versteckstellen dürfen „heimlicher" werden. Dazu wird der Hund angebunden oder ins zuverlässige „Sitz-Platz-Bleib" gebracht, während Sie losgehen und das Auslegen des Dummys an verschiedenen Stellen antäuschen. Später kann der Dummy auch heimlich unterwegs verloren werden und der Hund bekommt das Kommando „Such", ohne dass er vorher das Verstecken oder Auswerfen beobachtet hat.

WENN DIE ÜBUNG NICHT KLAPPT

Der Hund nimmt den Futterdummy nicht ins Maul?

Versuchen Sie ein Dummy aus anderem Material. Insbesondere Baumwolldummys oder solche aus Nylon oder Leder treffen verschiedene Geschmacke. In hartnäckigen Fällen kann man versuchen, den Dummy mit zackigen Bewegungen vor dem Hund so interessant zu machen,

EIN WECHSELSPIEL mit zwei Spielzeugen motiviert den Hund zum Bringen.

dass er hineinbeißt. Dann bitte sofort loben und aus dem Dummy füttern. Dies sollte mehrfach wiederholt werden.

ÜBUNG: SPIELZEUG APPORTIEREN

Die meisten Hundehalter freuen sich sehr, wenn der Hund hinter einem geworfenen Spielzeug herläuft. Die meisten Hunde finden es toll, wenn sie ein Spielzeug besitzen, das andere (z. B. ihre Menschen) haben wollen. Auf keinen Fall sollte man dem Hund hinterherlaufen, um ihm das Spielzeug abzujagen. Freiwilliges Heranbringen und Ausgeben trainiert man am besten umgekehrt, nämlich indem der Hund seinem Menschen hinterherläuft. Auch bei der Wurfrichtung ist strategisches Geschick gefragt, denn das Herantragen eines Spielzeugs kann man verbessern, wenn der Mensch zwischen Hund und Landestelle des nächsten Balls steht.

DAS ZWEITE SPIELZEUG wird erst geworfen, wenn das erste abgegeben wurde.

NACH DEM HERANBRINGEN ist das erneute Werfen eine tolle Belohnung.

ZIEL Der Hund läuft zu einem auf dem Boden liegenden Spielzeug, nimmt dies in die Schnauze und läuft damit zurück zu seinem Menschen, in dessen Nähe er es ausgibt.

MAN BRAUCHT Zwei identische Spielzeuge, die der Hund gleichzeitig nicht in sein Maul nehmen kann.

VORAUSSETZUNGEN Der Hund interessiert sich für das Spielzeug.

TRAININGSSCHRITTE

Schritt 1: Geschicktes Wechselspiel

Beide Spielzeuge sind griffbereit in der Tasche. Nehmen Sie eines der Spielzeuge und halten es auf Brusthöhe nah an Ihren Körper. Wenn der Hund sich dafür interessiert, gehen Sie einen kleinen Schritt auf ihn zu und warten, dass er sich ohne Kommando hinsetzt. Loben Sie ihn nun und werfen das Spielzeug mit Schwung neben oder hinter sich. Sobald Ihr Hund hinter dem Spielzeug herläuft,

gehen Sie weg von ihm und nehmen sich das zweite Spielzeug. Am besten passen Sie den Moment ab, in dem der Hund das erste Spielzeug ins Maul nimmt, und rufen seinen Namen. Sobald der Hund schaut, wedeln Sie mit dem zweiten Spielzeug und laufen dabei weg von Ihrem Hund. Loben Sie ihn und sagen z. B. „Brings", wenn er mit dem Spielzeug im Maul auf Sie zurennt. Sobald Ihr Hund das erste Spielzeug fallen lässt, sagen Sie „Aus" und werfen das zweite wieder hinter oder neben sich.

Schritt 2: Warten

Halten Sie Ihren Hund am Halsband fest, wenn Sie das Spielzeug werfen. Nachdem dieses auf dem Boden gelandet ist, verlangen Sie ein „Sitz" und erlauben dann mit „Lauf", dass er hinterherrennt. Motivieren Sie Ihren Hund (notfalls mit einem zweiten Spielzeug), dass er schnell wieder zu Ihnen kommt und das Spielzeug mitbringt.

Schritt 3: Impulskontrolle durch Antäuschen

Das „Sitz" wird nun vor dem Werfen verlangt. Dabei täuschen Sie mehrfach eine werfende Armbewegung an, ohne wirklich zu werfen. Wenn Ihr Hund dabei sitzen bleibt, sagen Sie „Lauf" im Moment des richtigen Werfens.

Schritt 4: Bleib und Bringen

Der Hund wird ins „Sitz" gebracht und Sie gehen rückwärts mit Blick zum Hund von diesem weg.
Sobald er aufsteht, gehen Sie mit dem Hand- und Hörzeichen für „Sitz" wieder auf ihn zu. Sie legen das Spielzeug in einer Distanz von 6 bis 12 m zum Hund ab und gehen dann zu ihm zurück.
Beim Hund angekommen, belohnen Sie ihn dort mit einem Leckerli für das Bleiben. Nun darf er mit „Lauf" zum Spielzeug rennen. Gleichzeitig sollte man dem Hund ein deutliches Handzeichen geben. Wenn er das Spielzeug aufnimmt sagen Sie z. B. „Brings" und locken ihn mit Tauschleckerli zu sich.

Schritt 5: Ausgeben in die Hand

Der Hund wird ins „Sitz" gebracht und Sie werfen seitlich neben ihm stehend das Spielzeug. Wenn das Spielzeug gelandet ist, lassen Sie ihn schon mit dem neuen Apportierkommando „Brings" loslaufen. Sobald er mit dem Spielzeug im Maul zu Ihnen kommt, empfangen Sie ihn in der Hocke.
Dabei halten Sie eine Hand schaufelförmig unter das Maul des Hundes. Die andere Hand lockt den Hund mit einem Leckerli über diese „Ausgebehand", indem das Leckerli direkt dahintergehalten wird.

WENN DIE ÜBUNG NICHT KLAPPT

Ihr Hund rennt mit dem Spielzeug im Maul herum, ohne sich anzunähern?

Spielen Sie ebenfalls selbstvergessen mit dem zweiten Ball und beobachten Ihren Hund nur aus dem Augenwinkel. Sobald er Interesse an Ihrem Ball zeigt, drehen Sie sich weg und warten, dass er sich weiter annähert. Werfen Sie den Ball dann schnell und trainieren erst einmal das schnelle Abgeben statt des Apportierens.

Ihr Hund lässt das zuerst geworfene Spielzeug fallen, sobald er das zweite sieht?

Am besten „beleben" Sie das erste Spielzeug durch einen Fußtritt und provozieren so, dass der Hund es erneut ins Maul nimmt. Loben Sie ihn in diesem Moment und gehen ein bis zwei Schritte rückwärts, bevor Sie das zweite Spielzeug werfen.

Ihr Hund springt Sie an oder bellt, um an das Spielzeug zu kommen?

Werfen Sie das Spielzeug nicht, wenn Ihr Hund bellt oder Sie anspringt. Verlangen Sie ein „Sitz" durch Hand- und Hörzeichen und warten einige Sekunden Ruhe ab, bevor Sie werfen.
Beim Anspringen sollten Sie das Spielzeug durch Hochziehen eines Knies und Vorschieben der Schultern abschützen, sodass der Hund es nicht erreicht. In schwerwiegenden Fällen kann das Anspringen durch eine nach hinten befestigte lange Leine verhindert werden, wenn Sie sich außerhalb des Leinenradius aufhalten. (Achtung, Verletzungsgefahr durch die Leine! Bitte benutzen Sie in diesem Fall ein Geschirr für den Hund.)

[a]

[b]

[a] **DIE STARTERLAUBNIS** wird durch ein deutliches Handzeichen signalisiert.

[b] **DAS APPORTIEREN** wird durch Loben und eine freundliche Körpersprache unterstützt.

[c] **ES IST SCHÖN,** wenn der Hund das Spielzeug so nah heranbringt.

[d] **MIT EINER SUPERBELOHNUNG,** z. B. aus einer Futtertube, kann nach dem Abgeben belohnt werden.

[e] **APPORTIEREN** macht vielen Hunden soviel Spaß, dass sie Ablenkungen ignorieren.

[c]

[d]

[e]

ÜBUNG: FUNDSTÜCKE APPORTIEREN

Als Erweiterung des Spielzeugapportierens kann man dem Hund beibringen, auf Kommando diverse Gegenstände aufzunehmen. So kann der Hund unterwegs bei „Aufräumarbeiten" helfen, beispielsweise herumliegende Becher oder Plastikflaschen zum Mülleimer tragen. Außerdem kann der Hund bei dieser Übung lernen, verlorene Dinge mit seiner guten Nase zu suchen und diese zu bringen. Aber bitte vergessen Sie nicht den Finderlohn für den Hund!

AUFRÄUMEN kann auch unterwegs zur Beschäftigung eingesetzt werden.

ZIEL Der Hund nimmt einen auf dem Boden liegenden Alltagsgegenstand (z.B. Mütze, Plastikbecher) in den Fang und bringt ihn zu seinem Menschen.
MAN BRAUCHT Alltagsgegenstände, die der Hund ins Maul nehmen kann, Leckerli, eventuell Clicker.
VORAUSSETZUNGEN Der Hund beißt gern in Spielzeuge, er kennt Lobwort oder Clicker.

TRAININGSSCHRITTE

Schritt 1: Interesse herstellen

Nehmen Sie den Gegenstand in die Hand und bewegen ihn mit zackigen Bewegungen hin und her. Sobald der Hund die Zähne an oder um den Gegenstand legt, loben/clicken Sie und belohnen dann sofort mit Leckerli. Wiederholen Sie dies oft und warten immer etwas länger mit dem Lob/Click, um ein festeres und längeres Halten zu trainieren. Loben Sie nie, wenn der Hund schon losgelassen hat. Normal ist es, wenn der Hund den Gegenstand nach dem Lob/Click fallen lässt.

Schritt 2: Biss-Click

Halten Sie den Gegenstand ruhig in der Hand und warten, bis der Hund hineinbeißt. Loben/Clicken und belohnen Sie das „Ins-Maul-Nehmen" mehrmals nacheinander.

Schritt 3: Vom Boden aufnehmen

Legen oder werfen Sie den Gegenstand auf den Boden und warten ab, ob Ihr Hund den Gegenstand aufnimmt. Loben und belohnen Sie dies wieder.
Wenn er dies zuverlässig macht, sagen Sie von nun an „Brings" beim Aufnehmen. Gehen Sie während des Aufnehmens einige Schritte vom Hund weg und provozieren so das Nachlaufen mit dem „Apportel". Auf dem Weg gibt es wieder Lob bzw. Click und Leckerli.

Schritt 4: Verstecken Level 1

Zeigen Sie dem Hund den Gegenstand und verstecken Sie diesen dann in etwas höherem Gras oder hinter einem Baum, bevor der zuvor im „Sitz" wartende oder angebundene Hund losgeschickt wird. Wenn er den Gegenstand findet, gehen Sie einige Schritte weg und locken ihn zu sich. Kurz vor dem Fallenlassen (lieber früher als zu spät) loben und belohnen Sie ihn.

Schritt 5: Situationen verändern

Der Hund wird in vielen verschiedenen Situationen mit dem Gegenstand am Boden konfrontiert und mit „Brings" aufgefordert, ihn aufzunehmen. Es folgen weiterhin Lob/Click und Belohnung, wenn der Hund den Gegenstand nah genug heranbringt.

Schritt 6: Gegenstände variieren

Variieren Sie die Gegenstände, sodass Ihr Hund zuerst ähnliche und zunehmend andersartige Materialien apportiert.

Schritt 7: Verlorensuche

Verlieren Sie den am liebsten apportierten Gegenstand heimlich auf dem Spaziergang und schicken Ihren Hund mit „Brings" in die Suche nach dem Fundstück. Erhöhen Sie dabei die Anforderungen in Bezug auf Entfernung und Sichtbarkeit des Gegenstands nur in kleinen Schritten.

WENN DIE ÜBUNG NICHT KLAPPT

Ihr Hund nimmt den Gegenstand nicht auf?

Probieren Sie verschiedene Materialien aus. Auch ein Lieblingsspielzeug in einer alten Socke verknotet kann verwendet werden. Hauptsache ist, dass das Bild des Apportiergegenstands verändert wird.

Ihr Hund kaut auf dem Gegenstand herum, statt ihn zu apportieren?

Verwenden Sie andere Materialien, die nicht so gut „knautschen" (z. B. Handschuh oder Socke). Locken Sie Ihren Hund, indem Sie ihm Leckerli vor die Nase halten und langsam wegziehen. Folgt er der Hand mit dem Gegenstand im Maul, loben bzw. clicken und belohnen Sie ihn sofort.

BEIM SUCHEN verlorener Gegenstände kann der Hund helfen ...

... und diese dank seiner guten Nase wieder zum Menschen bringen.

[a]

[b]

[c]

[a] DURCH KÖRPERNAHE ZERRSPIELE wird die Frisbeescheibe interessant gemacht.

[b] DAS GESPANNTE WARTEN vor dem Startsignal ist wichtig.

[c] BEIM SPIEL braucht man immer mehrere Scheiben.

[d] DAMIT DER HUND die Scheibe fangen kann, muss man geschickt werfen.

[e] ERFAHRENE FRISBEETEAMS haben spektakuläre Tricks auf Lager.

[d]

[e]

Frisbee/Discdogging

Frisbeespielen mit dem Hund ist eine eigene Sportart. Auch für unterwegs eignen sich die flachen Scheiben gut und sind für viele Hunde eine willkommene Abwechslung.

ÜBUNG: ZUSAMMENSPIEL

Bevor Sie mit dem Werfen der Scheiben anfangen, sollte der Hund in drei Basisübungen im Umgang mit der Scheibe vertraut gemacht werden.

ZIEL Der Hund lernt, gern in die Scheibe zu beißen (zergeln), diese am Boden rollend zu verfolgen, aufzunehmen und sie in der Bewegung aus der Hand und aus der Luft zu fangen.

MAN BRAUCHT Mindestens zwei spezielle Hunde-Frisbeescheiben.

WICHTIG Bitte verwenden Sie ausschließlich Scheiben, die extra für Hunde angeboten werden. Bei allen anderen Scheiben besteht ein hohes Verletzungsrisiko für den Hund.

VORAUSSETZUNGEN Der Hund kann die Frisbeescheibe apportieren und beherrscht dabei das „Aus"-Geben (siehe Anleitung „Spielzeug apportieren").

TRAININGSSCHRITTE

Vorübung: Frisbeetraining ohne Hund

Zunächst sollten Sie sich mit der Frisbeescheibe vertraut machen und das Werfen ohne Hund üben. Nehmen Sie eine Frisbeescheibe in die Hand, der Daumen ist oben auf der Scheibe, der Zeigefinger am Rand, die anderen Finger halten die Scheiben von unten am inneren Rand mit fest. Drehen Sie die Scheibe gerade vor sich ein und aus, so bekommt sie die Drehbewegung, die sie braucht, um zu fliegen. Je nachdem, wie weit die Scheibe fliegen soll, gibt man ihr beim Abwurf mehr oder weniger Schwung nach vorn. Mit diesem Wurftraining können Sie später die „Fangquote" Ihres Hundes verbessern.

Schritt 1: Interesse herstellen

Nehmen Sie eine Frisbeescheibe in die Hand und bewegen diese mit zackigen Bewegungen vor dem Hund, werfen Sie diese in die Luft oder wischen sie über den Boden. Wenn der Hund hineinbeißt, loben Sie ihn und machen weiter mit einem Zerrspiel. Bei diesem Zergeln überlassen Sie Ihrem Hund die erste Scheibe nach kurzer Zeit, indem Sie den Hund mit der Scheibe an sich vorbeiziehen. Dann zeigen Sie Ihrem Hund die nächste Scheibe mit den gleichen Bewegungen, sodass Ihr Hund diese Scheibe interessanter findet als seine. Lässt er die andere Scheibe fallen, sagen Sie „Aus" und loben ihn. Wenn er dann zu Ihnen kommt und in die zweite Scheibe beißt, sagen Sie z. B. „Fang". Dann machen Sie mit der zweiten Scheibe ein Zerrspiel etc.

FANGEN ÜBEN Mit einer herunterfallenden Scheibe kann der Hund das Fangen üben.

Schritt 2: Verfolgen und fangen

Der Hund steht neben Ihnen. Halten Sie die Frisbeescheibe in der Hand ruhig auf Augenhöhe vor dem Hund, drehen die Scheibe dann schnell und lassen diese dann los. Sie sollten die Scheibe dabei nur ein kurzes Stück vom Hund wegwerfen, sodass er der Scheibe ein Stück folgen muss, um hineinzubeißen. Sagen Sie dazu wieder „Fang".

Schritt 3: Die rollende Scheibe fangen

Nun soll der Hund lernen, das sich wegbewegende Frisbee aufzunehmen. Dazu wird die Scheibe hochkant über den Boden gerollt. So kann der Hund gut hineinbeißen. Wenn er dies schafft, loben Sie ihn mit Ihrer Stimme. Sobald Ihr Hund sich zu Ihnen umdreht, rollen Sie ihm die nächste Scheibe auf die gleiche Weise in die andere Richtung. Hierbei ist es wichtig, dass der Hund die erste Scheibe „Aus" lässt.

Schritt 4: Die fliegende Scheibe fangen

Die Scheibe aus der Luft zu fangen gelingt noch am einfachsten, wenn diese vor dem Hund etwas nach oben geworfen wird. Der Hund sollte beim erfolgreichen „Fang" gelobt werden.

WENN DIE ÜBUNG NICHT KLAPPT

Ihr Hund nimmt die Scheibe nicht ins Maul?

Machen Sie die Scheibe interessanter und üben länger Schritt 1.

Ihr Hund kaut auf dem Frisbee herum statt dieses zu apportieren?

Interessieren Sie Ihren Hund für die zweite Scheibe, indem Sie sie in die Luft werfen und ihm geben, sobald er die andere fallen lässt. Zusätzlich sollte das „Aus" mit Tauschübungen noch intensiver geübt werden.

ÜBUNG: FLIEGENDE SCHEIBEN

Erfahrene Frisbeesportler können die Flugkurve ihrer Scheiben perfekt lenken. Dies ist wichtig, damit der Hund eine gute Chance hat, diese zu fangen. Dabei sollte der Hund die Scheibe im Laufen fangen. Machen Sie deshalb viele Wurfübungen ohne Hund und verbessern Ihre Wurftechnik.

ZIEL Hund und Mensch stimmen ihr Spiel durch feine Körperbewegungen und Kommandos so ab, dass der Hund die fliegende Scheibe fangen kann.

MAN BRAUCHT Mindestens zwei spezielle Hunde-Frisbeescheiben und einen weichen Boden (z. B. gemähte Wiese), der frei von Unebenheiten wie Löchern oder Steinen ist.

EIN FRISBEE sollte immer in Laufrichtung des Hundes fliegen.

AUF DEM WEG zur Scheibe kann man mit dem Hund Tricks einüben.

VORAUSSETZUNGEN Sie beherrschen das Werfen der Scheibe. Der Hund kennt das körpernahe Zergelspiel, kann die Scheibe fangen und gibt sie zuverlässig „Aus". Er kennt Tricks wie Slalom oder Achten um Ihre Beine.

Der Mensch sollte sich direkt vor jedem Training durch Trockenübungen ohne Hund „einwerfen", damit die Wurftechnik an die Witterung angepasst werden kann. Außerdem muss der Hund direkt vor dem Training zum Aufwärmen bewegt werden und nach dem Training etwas auslaufen, bis er nicht mehr stark hechelt.

TRAININGSSCHRITTE

Schritt 1: Warten bis zum Start

Machen Sie Ihren Hund auf die Frisbeescheibe in Ihrer Hand aufmerksam und halten diese gespannte Position. Dann werfen Sie die Scheibe und sagen „Fang", während Sie die Scheibe auf Höhe des Hundes einige Meter weit werfen. Die Scheibe sollte nicht über den Hund

fliegen. Am besten ist es, wenn Sie in Laufrichtung des Hundes werfen, während er neben Ihnen sitzt oder steht. Loben Sie ihn, wenn er die Scheibe fängt, und beginnen nach dem Ausgeben der ersten Scheibe von vorn. Grundsätzlich sollte man vermeiden, dass der Hund durch Frühstarts oder gar Anspringen an die Scheibe kommt.

Schritt 2: Tricks einbauen

Der Hund wird in Erwartung der Scheibe aufgefordert, bekannte Tricks zu zeigen. Hierzu eignen sich z. B. Einparken zwischen den Beinen, Slalom durch die Beine oder Springen über das ausgestreckte Bein. Dabei sollten Zeitpunkt des Wurfs und Wurftechnik so gewählt sein, dass die Scheibe aus der Trickposition kommend geradeaus auf Augenhöhe zu verfolgen ist.

Damit der Trick sauber ausgeführt wird, kann man den Hund nach Beendigung des Tricks zunächst loben und die Scheibe erst ein paar Sekunden später werfen.

Nasenspiele für unterwegs

Beim Riechen haben Hunde gegenüber uns Menschen die Nase vorn! Hier können wir Hunde geistig fordern und unterwegs leicht, aber effektiv beschäftigen. Schnüffeln ist anstrengend und macht müde.

ÜBUNG: LECKERLISUCHE

Das Fangen oder Erschnüffeln von Leckerli ist eine gute Übung zur Orientierung und Beschäftigung auch unter Ablenkung. Je nach Bodenbeschaffenheit und Umgebung, kann der Hund unterschiedliche Schwierigkeitsstufen erarbeiten.

ZIEL Der Hund sucht auf Kommando ein geworfenes Stück Futter, nachdem er seinen Menschen angeschaut hat.
MAN BRAUCHT Rundes und dadurch roll- und sprungfähiges Trockenfutter.
VORAUSSETZUNGEN keine.

TRAININGSSCHRITTE

Schritt 1: Guck und Such
Der Hund wird auf das Futter in der Hand aufmerksam gemacht. Dann werfen Sie das Futterstück mit dem Kommando „Such" schwungvoll auf den Boden, sodass es möglichst noch etwas wegspringt. Beginnen Sie auf Asphalt. Sobald der Hund das Futterstück gefunden und gefressen hat, loben Sie ihn. Dann machen Sie ihn auf das nächste Futterstück in Ihrer Hand aufmerksam und werfen dies, sobald er zur Hand schaut. Dies wiederholen Sie 10- bis 20-mal.

Schritt 2: Untergrund verändern
Auf Asphalt und flachem Boden kann der Hund noch mit dem Blick folgen, auf einer Wiese oder auf Waldwegen muss er hingegen die Nase einsetzen. Gestalten Sie die Übung wie in Schritt 1, allerdings dauert das Suchen nun länger.
Auch besondere Untergründe wie flache Gewässer oder Schnee kann man für Futterwerfspiele nutzen. Sparen Sie nicht mit Lob, wenn Ihr Hund auch hier einen guten Riecher hat.

WENN DER HUND HOCHSCHAUT, fliegt ein Leckerchen: Diese Übung fördert Orientierung und Auslastung.

BEIM WARTEN zu Beginn des Käseklebens muss der Hund in einer „Bleib"-Übung seine Selbstbeherrschung üben.

BEIM SUCHEN sollte nur anfangs geholfen werden, später ist die Nase des Hundes gefragt.

ÜBUNG: KÄSEKLEBEN

Eine andere schöne Beschäftigung für unterwegs ist das Aufsuchen und Erarbeiten von Käse in Baumrinde. Dabei muss der Hund vorfreudig warten, bis er zur Überraschung laufen darf.

ZIEL Der Hund wartet im „Bleib", während der Mensch weichen Käse in Baumrinden versteckt. Dann darf er diesen auf Kommando mit seiner Nase aufspüren und mit Zunge und Zähnen herausholen.
MAN BRAUCHT Käse, Bäume.
VORAUSSETZUNGEN Der Hund kann „Sitz" oder „Platz" als „Bleib"-Version, ansonsten wartet er angebunden.

TRAININGSSCHRITTE
Der Hund wird in einer stationären Position ins „Bleib" gebracht (oder/und angebunden). Dann gehen Sie zu einem einige Meter entfernten Baum und kleben an verschiedenen Stellen kleine Käse-

stückchen in die Baumrinde. Gehen Sie zum Hund zurück, leinen ihn ggf. ab und schicken ihn mit dem Kommando „Such" zum Käse.

ÜBUNG: VERLORENSUCHE

Richtig praktisch wird die Nasenarbeit mit Hund, wenn er lernt, einen verlorenen Gegenstand zu suchen. So kann man verschollene Spielzeuge und später sogar Alltagsgegenstände wie Schlüssel oder Handy wiederfinden.

ZIEL Der Hund sucht einen bestimmten Zielgeruch und findet den dazugehörigen Gegenstand, den er dann durch Apportieren, Davor-Stehenbleiben, „Sitz" oder „Platz" anzeigt.
MAN BRAUCHT Spielzeug, Futterdummy oder Alltagsgegenstände, die nach Ihnen riechen (z. B. Leckerlitasche, Schlüsselbund mit Etui, Handy mit Schutzhülle).

Wenn der Hund lernen soll, den Gegenstand zu apportieren, muss er dies vor der Verlorensuche schon beherrschen (siehe Seite 90).

VORAUSSETZUNGEN Der Hund beherrscht „Sitz" oder „Platz" auf Entfernung (siehe Seite 59).

TRAININGSSCHRITTE

Vorübung: „Stationäre Anzeige"

Legen Sie den Gegenstand auf den Boden und loben und belohnen Sie den Hund, wenn er daran schnüffelt. Nach mehreren Wiederholungen geben Sie beim Schnüffeln das Kommando „Platz" oder „Sitz" (je nachdem, welche Übung der Hund lieber und zuverlässiger ausführt). Dabei sollte der Gegenstand zwischen Ihnen und dem Hund liegen, um den Vierbeiner nah zum Gegenstand auszurichten. Loben und belohnen Sie dies schnell. Lassen Sie zunehmend die Kommandos „Sitz"/„Platz" weg, sodass der Hund sich selbstständig setzt/legt.

Gehen Sie bei den Wiederholungen zunehmend einige Schritte weg, wenn der Hund liegt oder sitzt, und gehen dann wieder hin, um ihn noch in der stationären Position zu belohnen.

Falls Ihr Hund den Gegenstand apportieren soll, bringen Sie ihm das wie in Übung „Fundstücke apportieren" (siehe Seite 96) bei.

Schritt 1: Basisübung

Der Hund ist angeleint und Sie lassen ihn dabei zusehen, wenn Sie einen attraktiven Gegenstand (beliebtes Spielzeug, Futterdummy o. Ä.) auf dem Weg verlieren. Dann gehen Sie ca. 6 bis 8 m weiter, wenden und setzen den Hund mit Blick in Richtung des verlorenen Gegenstands ab. Leinen Sie ihn ab (oder geben ihm eine lange Leine frei) und sagen zunächst nur „Lauf", während Sie ein Handzeichen (Armbewegung mit aufgestellter Handfläche weist in Richtung des Gegenstandes) machen. Rennt Ihr Hund los, folgen Sie ihm, bleiben aber immer hinter dem Hund. Sobald der Hund beim Gegenstand

BEI DEN ERSTEN Schritten sollte schon das Schnüffeln am Gegenstand belohnt werden.

BEI KLEINEN SUCHOBJEKTEN sollte der Hund seinen Fund am besten durch „Sitz" oder „Platz" anzeigen.

angekommen ist und diesen deutlich wahrnimmt (z. B. Hinschauen, daran Schnüffeln), warten Sie ein „Sitz" bzw. „Platz" ab (wie in der Vorübung beschrieben) oder lassen den Gegenstand apportieren.

Schritt 2: Kommando „Verloren"

Führen Sie das Kommando erst ein, wenn Ihr Hund zuverlässig zum Gegenstand läuft. Sie verfahren weiter wie in Schritt 1, sagen jedoch statt „Lauf" ein neues Kommando, z. B. „Verloren".

Schritt 3: Unsichtbar verlieren

Verlieren Sie den Gegenstand zunehmend so, dass der Hund das Verlieren zwar noch sieht, aber beim Start keinen Blick-

kontakt zum Gegenstand hat. Dies kann in höherem Gras, hinter Bäumen, Büschen oder Wegbiegungen trainiert werden.

Schritt 4: Heimlich verlieren

Wenn Sie mit Ihrem Hund unterwegs sind, lassen Sie den Gegenstand vom Hund unbemerkt fallen (Vorsicht bei klappernden Schlüsseln etc.). Rufen Sie den Hund dann zu sich, wenden sich um und lassen ihn aus der Startposition („Sitz", dann „Verloren" mit Handzeichen nach vorn) loslaufen.

Zunehmend können Sie nun langsam die Distanz erhöhen. Auch verschiedene Gegenstände, die mit Ihrem Geruch behaftet sind, können trainiert werden. Verändern Sie dies aber nur schrittweise.

DAS SUCHEN wird zunehmend anspruchsvoller, wenn der Hund den Gegenstand nicht mehr sehen kann.

Laufen am Fahrrad

Das Führen eines Hundes am Fahrrad ist eine praktische Möglichkeit, um einen lauffreudigen Hund glücklich zu machen. Am Rad trainierte Hunde fordern allerdings immer mehr Bewegung ein.

DIE SPORTVARIANTE: DAS „LAUF"-RAD

Das Laufen am Fahrrad sollte ein Hund so erlernen, dass niemand gefährdet wird. Durch plötzliches Stoppen des Hundes oder wildes Ziehen kann es schnell zu Unfällen kommen. Deshalb sollten Hunde einige Benimmregeln lernen.

ZIEL Der Hund lernt beidseitig neben dem Fahrrad zu laufen (immer die dem Verkehr abgewandte Seite). Er passt sein Tempo an das des Radfahrers an, stoppt und kommt auf Kommando heran.
MAN BRAUCHT Gut beherrschbares Fahrrad, Geschirr, Leine, eventuell einen Leinenhalter am Fahrrad (sog. Springer).
VORAUSSETZUNGEN Der Hund ist gesund und mindestens 12 (besser 15) Monate alt. Er kennt die Übungen „Leinenführigkeit" und „Handtarget". Der Mensch ist ein geschickter und sicherer Radfahrer.

TRAININGSSCHRITTE

Schritt 1: Schieben
Der Hund wird in ablenkungsarmer Umgebung zunächst neben dem geschobenen Fahrrad geführt. Anfangs läuft er dabei frei und wird gelobt und belohnt, wenn er neben dem Rad geht. Wenn weder Ausweichen oder Unsicherheiten gegenüber dem Rad auftreten, kann der Hund angeleint am Geschirr (Leine in der Hand) neben dem geschobenen Fahrrad gehen. Er wird belohnt, wenn er auf Höhe des Sattels geht. Beim Schieben halten Sie öfter abrupt an, während Sie „Stopp" sagen. Locken Sie Ihren Hund dann mit dem Handtarget nah zu sich und belohnen ihn.
Bei Verwendung eines Springers sollte die Leine nun auch daran befestigt werden.

Schritt 2: Langsam fahren
Zuerst ohne Leine, dann angeleint mit der Leine in der Hand (später eventuell am Springer) fahren Sie in ablenkungsarmer Umgebung. Dabei loben und belohnen Sie Ihren Hund, wenn er seitlich neben Ihnen läuft, auf Kommando „Stopp" anhält oder zum Handtarget kommt. Fahren Sie so, dass Ihr Hund anfangs nicht nah an Markierstellen anderer Hunde (Büsche, Bäume, Hausecken) vorbeiläuft. Sollte er dennoch einmal an einer solchen Stelle schnüffeln, während er angeleint am Fahrrad läuft, sagen Sie „Weiter" und locken ihn mit. Vermeiden Sie, dass Ihr Hund sich löst, indem Sie ihn immer vor einer Fahrt seine Geschäfte verrichten lassen.

BEIM LAUFEN am Fahrrad sollten Hund und Mensch aufmerksam zusammenarbeiten.

Schritt 3: „Rechts", „Links", „Wechseln"

Neben dem Hörzeichen „Stopp" und dem Handtarget soll der Hund nun noch Hörzeichen für das Abbiegen, „Rechts" und „Links", sowie den Seitenwechsel erlernen. Bei „Rechts" und „Links" sollten Sie sehr auf eine unterscheidbare Aussprache achten, damit die Hörzeichen nicht zu ähnlich klingen. Beim Abbiegen sagen Sie das jeweilige Kommando.
In manchen Situationen (entgegenkommende Passanten, Hunde, Fahrzeuge) ist es sinnvoll, den Hund auf die abgewandte Seite wechseln zu lassen. Hierzu trainieren Sie zuerst ohne Leine, dass der Hund dem Handtarget hinten um das Fahrrad folgt, und belohnen ihn auf der anderen Seite. Nach einigen zuverlässigen Wechseln kommt das Kommando, z.B. „Wechseln", hinzu. Mit etwas Übung gelingt ein Wechsel auch mit angeleintem Hund, dazu sollten Sie aber anhalten.

WENN DIE ÜBUNG NICHT KLAPPT

Der Hund hat Angst vor dem Fahrrad?
Trainieren Sie mit einem Helfer, der den Hund in einer Entfernung von 1 bis 2 m so führt, dass der Hund außen geht und von dem Helfer, der direkt neben dem Rad geht, belohnt werden kann. Bauen Sie das Vertrauen ganz langsam und schrittweise auf, bis Sie mit Schritt 1 beginnen können.

Der Hund zieht beim Radfahren stark an der Leine?
Trainieren Sie das Führen am Geschirr in allen Lebenslagen so, dass der Hund nicht erfolgreich ziehen kann (siehe Übung Leinenführigkeit am Geschirr umsetzen wie am Halsband). Auch beim Laufen neben dem Fahrrad sollten Sie dies zunächst geschoben, später langsam fahrend so handhaben, dass Sie bremsen, wenn der Hund zieht (Kommando „Langsam").

Zughundesport

Lauffreudige Hunde finden im Zughundesport oft ihre Berufung. Insbesondere wenn sie nicht freilaufen dürfen (z. B. wegen starken Jagdverhaltens), kann der Bewegungsdrang hiermit befriedigt werden.

ANFORDERUNGEN AN DEN HALTER

Die Anforderungen an den Halter sind im Hinblick auf sportliche oder finanzielle Möglichkeiten aufgesteckt. Selbst laufen wie beim Canicross ist noch kostengünstig, erfordert aber sportlichen Ehrgeiz. Laufen vor dem Mountainbike wie beim Bikejöring ist technisch und auch sportlich recht anspruchsvoll. Der Traum vieler Halter lauffreudiger Hunde, ihren Hund vor einem Dogscooter oder einem Trike laufen zu lassen, ist wiederum recht teuer.

Dass alle Disziplinen miteinander verwandt sind, liegt daran, dass sie als „Off-Snow"-Varianten beim Schlittenhundetraining entstanden sind.

DIE SUPERSPORT-VARIANTE: BIKEJÖRING

Bei dieser Radfahrtechnik wird der Hund an einem speziellen Geschirr aus dem Schlittenhundesport vor einem Mountainbike zum Ziehen ermutigt, während auch der Mensch fleißig in die Pedale tritt. Der Hund sollte an gestraffter Leine immer vor dem Rad laufen. Aus Sicherheitsgründen ist die Leine mit einem Ruck-

dämpfer ausgestattet und wird von einer Haltevorrichtung vor dem Lenker (sog. Antenne) gehalten. So kann die Leine nicht so leicht unter das Rad kommen. Der Radfahrer sollte mit Helm und Handschuhen geschützt sein und auf gute Bremsen (z. B. Scheibenbremsen) vertrauen können. Dieses besondere Radfahren mit Hund erfordert eine schnelle Wahrnehmung und Reaktionsfähigkeit des Menschen. Der Hund sollte sicher auf Kommandos zum Start und Anhalten, zum Langsam- und Schnelllaufen sowie zum Abbiegen (rechts und links) reagieren.

CANICROSS

Ähnlich wie Bikejöring, aber ohne Gefährt funktioniert Canicross. Dieser Sport bezeichnet gemeinsames Joggen im Gelände mit ziehendem Hund. Dabei trägt der Mensch einen Bauchgurt, an dem eine Leine mit Ruckdämpfer befestigt ist. Der Hund läuft vor dem Menschen. Durch dieses „bodenständige" Training können das Ziehen und auch die Richtungskommandos gut trainiert werden. Dadurch bietet Canicross eine optimale Vorbereitung auf den Zughundesport mit „Gefährt".

DOGSCOOTER UND TRIKE

DOGSCOOTER Beim Dogscooting wird ein spezieller Tretroller vom Hund gezogen. Dabei bietet der tief liegende Körperschwerpunkt auf dem niedrigen Trittbrett eine einsteigerfreundliche Möglichkeit in den Zughundesport. Der Roller fällt einfach nicht so leicht um und ist in Kurven besser beherrschbar als ein Fahrrad.

Wichtig

Das Laufen bei Hitze, auf Asphalt oder anderem hartem Untergrund ist aus gesundheitlichen Gründen beim Zughundesport zu vermeiden. Insbesondere Anfängerhunde sollten langsam in ihrer Kondition aufgebaut werden. Pausen sind für jeden Zughund einzuplanen, damit er Zeit zum Lösen, Trinken und Ausruhen hat.

DAS LAUFEN vor dem Trike ist für diesen Hund das größte Glück.

Außerdem kann die Beinarbeit des Menschen hilfreich zum Schubgeben oder Abbremsen eingesetzt werden. Ein Dogscooter sollte besonders leistungsstarke Bremsen sowie möglichst große (Vorder-)Reifen und einen Abstandhalter (Antenne) für die Leine besitzen.

DAS TRIKE ist, wie der Name schon sagt, ein dreirädriges Gespann. Durch die v-förmig angeordneten Trittbretter ist es besonders kippsicher. Der Mensch kann den Hund durch Mittreten gut unterstützen.
Gespanne mit Zugbügel sind besonders für Einsteiger geeignet, da hiermit die Richtungskommandos unterstützt werden können.

KOMMANDOS Für alle Zughundesportvarianten sind mindestens sechs Kommandos nötig: „Start", „Langsam", „Schneller", „Rechts", „Links", „Halt". Um dem Hund die Freude am Ziehen beizubringen, kann man anfangs einen Helfer vorausschicken, der den Hund zu sich lockt. Die Freude am Rennen sollte für den Hund jedoch bald selbst zur Belohnung werden.

[a]

[b]

[a] SCHIEBEN Anfangs wird der Scooter geschoben.

[b] LOCKEN Der Hund wird von einer zweiten Person nach vorn gelockt.

[c] BELOHNEN Wenn er eine kurze Strecke gezogen hat, wird er belohnt.

d] DEN HUND UNTERSTÜTZEN Der Fahrer kann auf dem Scooter helfen, indem er „mitrollert".

[e] SPAZIEREN FAHREN Wenn der Hund erst einmal Spaß daran hat, steht einer Spazierfahrt nichts mehr im Weg.

[c]

[d]

[e]

Hundebegegnungen und andere
VERLOCKUNGEN

WENN HUNDE SICH UNTERWEGS BEGEGNEN, WIRD
MEIST INTENSIV KOMMUNIZIERT. NICHT IMMER VER-
LÄUFT DIES FRIEDLICH ODER SPIELERISCH. AUCH
ODER GERADE WEIL HUNDE HOCHSOZIALE TIERE SIND,
KOMMT ES ZU FREUNDSCHAFTEN, GENAUSO WIE ZU
FEINDSCHAFTEN.

Hundetypen

Wer kommt wann und wo mit wem klar und warum? Um dies einzuschätzen, muss man den eigenen Hund und das Verhalten der Artgenossen verstehen lernen.

DAS GESCHLECHT

Das Geschlecht des Gegenübers spielt für die meisten Hunde eine entscheidende Rolle im Hinblick auf die Verträglichkeit. Mit Hunden des gleichen Geschlechts kommt es schneller zu Auseinandersetzungen, da diese, biologisch betrachtet, die direkte Konkurrenz darstellen und nicht als Sexualpartner in Betracht kommen. Dennoch schaffen es viele gut sozialisierte Hunde, friedlich oder freundschaftlich auch mit Geschlechtsgenossen auszukommen.

Um Ihrem Hund möglichst viele angenehme und entspannte Kontakte mit Artgenossen zu ermöglichen, empfiehlt es sich, den begegnenden Hund früh-zeitig „abzuchecken". Hierdurch können Beißereien oder andere unkontrollierte Situationen vermieden werden.

DER JUNGE HUND

Welpen und Junghunde sind gegenüber fremden Hunden meist sehr kontaktfreudig und dabei auch manchmal distanzlos und aufdringlich. Da erwachsene Hunde einen gewissen „Wohlfühlabstand" zu anderen halten, kommt das jugendliche „Der will doch nur spielen!" häufig gar nicht gut an. Durch Anspannen, Knurren oder sogar Schnappen versuchen Althunde den Jungspunden den notwendigen Respekt beizubringen. Angeleint und beim

WELPEN sind gegenüber erwachsenen Hunden häufig unterwürfig.

ZUM HÖFLICHEN BENEHMEN gehört es, sich unaufdringlich anzunähern.

WAS AUF DEN ERSTEN BLICK aggressiv aussieht, ist eine Momentaufnahme im Spiel.

kurzen Vorbeigehen sind diese Lektionen für einen jungen Hund aber durchaus gefährlich, weil sie zu heftig und somit beängstigend oder zu schwach und dann nicht nachhaltig genug wirken. Welpen oder Junghunde, die (wenn auch nur zu Erziehungszwecken) von anderen attackiert werden, zeigen im Erwachsenenalter häufig selbst aggressives Verhalten. Respektvolles Sozialverhalten üben junge Hunde deshalb am besten mit souveränen Althunden und im Spiel mit Gleichaltrigen. Beim Gassigang sollten Sie den anderen Halter immer erst fragen, ob

TYPISCH FÜR SPIEL ist, dass die Rollen wechseln.

dessen Hund mit Ihrem jungen Hund verträglich sein wird. In unübersichtlichen Situationen sollten Sie Ihren Junior durch die Leine oder Schleppleine davor bewahren, einem aggressiven Hund Hallo zu sagen.

DER ALTE HUND

Hundesenioren erkennt man auf die Entfernung häufig an ihrem verlangsamten oder schleppenden Gang. Altersbedingte Beschwerden wie Gelenkentzündungen, Nervenschmerzen, Herz-Kreislauf-Probleme und sogar Demenz kommen häufig vor. Alten Hunden sollte man besondere Rücksicht zukommen lassen, denn sie können nicht mehr so richtig mithalten. Ein Hund, der „nur spielen will", bedeutet für viele Senioren: „Hilfe, Überfall!" Deshalb sollten insbesondere agile Hunden davon abgehalten werden, Senioren stürmisch zu begrüßen.
Andererseits sind alte Hunde häufig die besten Sozialpartner für ängstliche Hunde, da sie diesen durch ihre Langsamkeit die Zeit lassen „aufzutauen".

DER ÄNGSTLICHE HUND

Ängstliche Hunde haben meist eine besondere Vorgeschichte, wie z. B. Welpen aus der Mülltonne oder Hunde aus ausländischen „Tötungsstationen". Aber auch schlechte Erfahrungen oder angeborene Ängste können Hunde zu Fluchttieren werden lassen. Die Auslöser für Ängste sind vielfältig. Beispielsweise sind Passanten, laute Fahrzeuge, laute Geräusche oder fremde Orte bedrohlich. Auch fremde Hunde können solche negativen Emotionen auslösen. Typischerweise bleiben ängstliche Hunde dann stehen, legen die Ohren an, ziehen die Rute ein, ducken sich, wuffen oder bellen.
Da Hunde in Panik oft fluchtartig weglaufen, sollten sie sicher angeleint werden. Weil Hundekontakte an der Leine für diese Hunde zum Alltag gehören, werden sie häufig in die Enge getrieben. Ebenso wie alte Hunde haben sie oftmals kein

Interesse am Kontakt mit anderen Hunden. Hierauf sollte man Rücksicht nehmen und sich entsprechend langsam annähern. Beim Beschnüffeln ist es wichtig, dem angeleinten Hund immer eine lockere Leine zu gewähren, indem der Halter diese dem Hund hinterherführt.

DER AGGRESSIVE HUND

Obwohl Aggression zum normalen Verhaltensrepertoire aller Tiere gehört, möchten wir es beim Hund nicht sehen. Aggressives Verhalten gehört deshalb bei Hunden zum Problemverhalten, weil es unerwünscht ist. Bellen, Knurren, Schnappen und Beißen sind nur die offensichtlichsten Aggressionsformen, denn vorher kommt das optische Drohverhalten in Form von Blickfixieren mit angespannter Körperhaltung, was oftmals in

DAS BERIECHEN der Analregion verrät Hunden viel über Artgenossen.

ANGELEINTE HUNDE sollten von anderen nicht bedrängt werden.

PFOTEAUFLEGEN und Runterdrücken sind zwar unfreundlich, dienen jedoch der Klärung von Beziehungen.

abgeduckter Körperhaltung vorkommt. Hunde in dieser Körpersprache sind für eine Konfrontation mit Artgenossen „gewappnet" und häufig auch in „Gefechtsposition". Halter dieser Hunde fragen oft nach dem Geschlecht des entgegenkommenden Hundes, da die Aggression oft nur auf gleichgeschlechtliche Hunde gerichtet wird.

Manche Hunde sind jedoch durch schlechte Erfahrungen oder Sozialisationsmängel so asozial, dass sie jeden Hund, egal ob Rüde oder Hündin, angreifen würden.

Grundsätzlich sollten Sie also Abstand und Ihren Hund an der Leine halten, wenn Ihnen angespannte Hunde und Halter begegnen. In diesem Fall ist es hilfreich, wenn Sie Ihren Hund mit Futter, Spielzeug oder einer beliebten Übung ablenken, damit er sich das aggressive Verhalten nicht abschaut.

HUNDERUDEL

Neben einzelnen Hunden trifft man unterwegs auch manchmal Hundegruppen oder man ist selbst Teil einer solchen.

Der soziale Austausch mit Gleichgesinnten ist bei manchen Menschen mit Hund sehr beliebt, ganz besonders wenn die Hunde miteinander spielen. Allerdings darf man in solchen Situationen die Gruppendynamik nicht unterschätzen, insbesondere wenn vierbeinige Gruppenmitglieder jagen oder territorial sind. Beides – also das Stöbern und Hetzen sowie das Verbellen von Passanten – wird schnell von anderen Gruppenmitgliedern übernommen.

Besonders typisch sind hierfür Hundegruppen, die sich „langweilen", weil sie auf einer Hundewiese herumlungern. Besser bewegen sich solche Hundegruppen fort, da hierdurch zumindest das Territorialverhalten gehemmt wird. Jagende Hunde sollten besser angeleint werden, wenn potenzielle Beute vorhanden ist.

Falls in solchen Gruppen ängstliche oder schwächere Hunde immer wieder bedrängt oder unterworfen werden, kann man von „Mobbing" sprechen. Da Hunde verschiedener Halter keine stabile Rangordnung ausbilden, ist das Unterwerfen Schwächerer nur ein Lustgewinn für den „Mobber".

Die Rolle des Menschen

Die Begegnung mit Artgenossen ist für manche Hunde das Größte auf dem Gassigang. Nicht immer ist dies unproblematisch. Eines ist jedoch klar: Das Management übernimmt immer der Zweibeiner.

RICHTIG REAGIEREN

Oft hört man: „Der gibt seinem Hund nicht genug Sicherheit!" oder: „Machen Sie doch einfach die Leine ab, dann vertragen die sich schon!" Diese Binsenweisheiten sind in vielen Fällen nicht zutreffend, nämlich dann, wenn Hunde starke Aggressionen oder Ängste haben. Da diese überwiegend durch mangelnde oder schlechte Erfahrungen entstanden sind, kann der Halter sie durch sein sicheres Auftreten oder Ableinen herzlich wenig beeinflussen. Der „Problemhund" braucht Respekt, planvolles Training und eine angemessene Zeit, um die alten Verhaltensmuster ablegen zu können. Sollte Ihnen ein Hundehalter begegnen, der auf Abstand bedacht ist, respektieren Sie das. Ein sicheres Zeichen hierfür ist eine am Halsband oder an der Leine befestigte gelbe Schleife. In diesen Situationen zahlt es sich aus, wenn Sie mit Ihrem Hund Übungen wie Rückruf, „Fuß" und „Schau" trainiert haben.
Es ist ein Gebot der Höflichkeit, bei allen angeleinten Hunden Abstand zu halten. Leider wird es Ihnen trotzdem passieren, dass Ihr Hund an der Leine begrüßt wird. Da das Straffen der Leine in Begegnungssituationen bei vielen Hunden ein Stimulus für Angst oder Aggression darstellt, sollten diese möglichst an lockerer Leine stattfinden. Dies können Sie erreichen, indem Sie die Leine geschickt mitführen und so auch einen „Leinensalat" vermeiden.

HILFE, ÜBERFALL!

Wenn der eigene Hund bedrängt oder angegriffen wird, ist dies immer unschön. In solchen Situationen möchte man den eigenen Hund schützen, fragt sich aber wie. Leider gibt es kein Patentrezept. Abhängig von der jeweiligen Situation gibt es unterschiedliche Ursachen und Beteiligte. Grundsätzlich ist es erst einmal nicht falsch den Hund zu schützen, wenn fremde Hunde im Schleichgang mit starrem Blick entgegenkommen. Das Auflauern und Fixieren begegnender Hunde stellt Drohverhalten dar. Wenn es einen Umweg gibt, sollte man diesen nehmen und die Begegnung vermeiden. Wenn dies nicht möglich ist, kann man den eigenen Hund hinter sich positionieren (z. B. über Leckerligabe hinter den Beinen). Dann wird der „Aufprall" des anderen Hundes nicht so schlimm empfunden. Oft folgt dieser bedrohlichen Annäherung ja sogar eine freundliche Kontaktaufnahme. Solange der entgegenkommende Hundehalter es nicht für nötig hält, seinen Hund zu sich zu rufen und anzuleinen, bleibt es meist bei einem

Scheinangriff und danach ist „alles wieder gut".

Bevor es zur Rauferei kommt, ist es wahrscheinlich, dass einer der Hunde oder beide sich steif machen, knurren oder unfreundlich bedrängen. Nun ist es wichtig, dass Sie und hoffentlich auch der andere Hundehalter die Nerven behalten! Nie werden Hundehalter häufiger gebissen als beim Eingreifen in eine Hunderauferei, bei der die Hunde sich gegenseitig gar nicht verletzen würden. In jeder Sachkundeprüfung lautet die richtige Antwort zum eigenen Verhalten in einer Rauferei: Gehen Sie in entgegen gesetzte Richtungen auseinander und versuchen die Hunde abzurufen. Hysterisches Schreien, Schlagen mit der Leine oder Treten sind typische Verstärker der Aggression, weil die Hunde dies als Ihre Beteiligung am Kampf interpretieren. Wenn Sie den Kontakt zu einem fremden Hund vermeiden wollen, sagen Sie dem anderen Hundehalter klipp und klar, er solle seinen Hund anleinen, weil Ihr Hund gerade eine ansteckende Krankheit hat. Durch solche Notlügen können ungewollte Kontakte meist am effektivsten vermieden werden.

„DER WILL NUR SPIELEN"?

Stellen Sie sich vor, Sie sind mit Ihrer läufigen Hündin unterwegs oder Ihr Hund wurde gerade frisch operiert. Nun kommt ein fremder freilaufender Hund stürmisch angeschossen: Vermutlich bekommen Sie einen Schweißausbruch und haben Stress. Sie rufen noch: „Können Sie bitte Ihren Hund anleinen!", während Ihr Gegenüber den Satz aller Sätze formuliert, nämlich:

DIE GELBE SCHLEIFE signalisiert: „Bitte Abstand halten!"

„Der tut nichts, er will nur spielen!" Bitte sagen Sie diesen Satz nie, denn er bedeutet übersetzt: „Ich habe meinen wild gewordenen Hund nicht unter Kontrolle. Mein Hund hat mich abgewählt!"
Um zu spielen bedarf es mindestens zweier Spielwilliger. Spiel ist definiert als Interaktion ohne Ernstbezug, die durch lockeres Verhalten, ohne Ernst zu machen, gekennzeichnet ist. Spiel ist es, wenn alle Beteiligten daran Spaß haben und jeder die Chance hat, zu gewinnen. Hunde benötigen hierfür Bewegungsfreiheit (ohne Leine), da im Spiel großzügige Bewegungen wie Hüpfen und Laufen typisch sind. Nicht jeder Hund hat Spaß daran, wenn ein anderer ihm „auf die Pelle rückt". Egal aus welchem Grund, holen Sie Ihr „Spielkalb" zurück, damit es gute Manieren lernt. Die meisten Hunde bevorzugen einen Wohlfühlabstand zu fremden Hunden. Durch Training und Bindung kann auch ein kontaktfreudiger Hund lernen, diesen einzuhalten.

Jagen und Beschützen

Die natürlichen Neigungen des Hundes zum Jagen, Verteidigen oder der Drang nach tollen Dingen ist von Hund zu Hund verschieden. Das Erkennen von potenziellen Reizen ist dabei für den Menschen die halbe Miete.

JAGEN

Hunde stellen uns häufig vor die eine oder andere Herausforderung. Gassigehen mit dem Hund ist auch immer ein Streifzug an der Seite eines vierbeinigen Jägers, der auch Aas nicht verschmäht und auf vermeintliche Eindringlinge abwehrend reagiert. Hier müssen wir Menschen den Hund durch Training und geschicktes Agieren auf den – aus menschlicher Sicht – „Weg der Tugend" bringen. Das schwerwiegende Erbe ihrer wölfischen Verwandten tragen fast alle Hunde immer noch in ihren Genen. Auch züchterisch wurde die Mehrheit der existierenden Rassen auf Beuteverhalten selektiert: als Hüte- und Treibhunde, Mäuse- und Rattenjäger, Apportierer, Hetzer und Vorsteher etc.

JAGEN IST SELBSTBELOHNEND

Jagdverhalten ist also zum einen angeboren und je nach Rasseveranlagung mehr oder weniger ausgeprägt. Jagen bedeutet für Hunde einen großen Spaß, auch wenn sie dabei leer ausgehen. Deshalb ist es wichtig, das Jagdverhalten schon im Ansatz zu stoppen. Hierzu kann man verschiedene Übungen trainieren und durch die Gewöhnung an potenzielle Beute eine bessere Kontrolle gewinnen.

JAGDVERHALTEN MANAGEN

Jagdverhalten wird durch schnelle Bewegungen ausgelöst. Auch ein fliegender Ball ist ein Jagdobjekt, ebenso wie ein weglaufender Hase. Den Ball kann man kontrollieren, den Hasen nicht. Somit kann man durch kontrolliertes Spiel oder das gemeinsame Erarbeiten von Futter ein gutes Gegengewicht zum unerwünschten Jagen schaffen. Denn eine gute Alternative sollte man beim „Antijagdtraining" schon anbieten können, beispielsweise ein Spielzeug oder besonders gute Leckerli. Allerdings kann man

BEIM AUFTAUCHEN von Beutetieren ist der Orientierungsblick zum Besitzer das A und O.

Hunden das Jagen nicht abtrainieren, sondern lediglich eine bessere Kontrolle in Situationen mit Beute erreichen.

Gewöhnung an Beutetiere

Diese Maßnahme betrifft vor allem junge Hunde innerhalb des ersten Lebensjahrs oder Hunde, die aus Mangel an Beschäftigung „jagen". Hierzu sollten potenzielle Beutetiere als Ablenkung genutzt werden, ohne dass der Hund sich dafür großartig interessiert – also nicht den erregten „Kick"-Blick bekommt, sondern stattdessen fleißig Gehorsamsübungen macht. Sinnvoll sind Übungen wie „Schau", „Fuß", Tricks und Zergelspiele, die man mit angeleintem Hund vorbei an der „Beute" trainiert. Auch Übungen an der Schleppleine, wie Rückruf, Pfiff, Apportieren und „Click für Blick" sind hilfreich.

Als Trainingsort bietet sich jede Situation an, die ein potenzielles Beuteschema mitbringt. Hierzu zählt jede Taube und Krähe sowie Schafe, Enten und Gänse, Katzen und Kaninchen.

Raus da!

Da Jagen mit dem Suchen und Stöbern beginnt, ist eine sehr wertvolle Maßnahme das „Abkommandieren vom fruchtbaren Boden". Das bedeutet, wenn Ihr Hund den Weg selbstständig in Richtung Feld oder Wiese verlässt, wird er sofort mit einem deutlichen „Raus da!" und nötigenfalls an der Leine/Schleppleine zurückgeholt. Das Schnüffeln und Lösen am Wegrand wird dabei mit ca. 1 bis 2 m Grünstreifen toleriert. Alles andere wird mit dem neuen Kommando geahndet und der Hund darf natürlich belohnt werden, wenn er zu Ihnen kommt.

An Stellen mit viel Witterung ist es zudem sinnvoll, das „Raus da" nicht zu verschleißen. Deshalb sollte der Vierbeiner dort an kurzer Leine und mit beliebten Übungen „bei Laune" gehalten werden. Suchspiele, Futterwerfspiele oder eine kurze Strecke „Fuß" sind hier gute Gegenmaßnahmen, um vom Wild abzulenken.

Stopp!

Den jagdlich ambitionierten Hund beim Losstarten stoppen zu können, ist Gold wert. Der Spaß beim Hetzen oder Aufstöbern von Wild ist hierzu der Gegenpol. Um den Hund anzuhalten, muss er das Kommando zum einen in vielen Trainingssituationen verinnerlichen und zum anderen eine große Motivation haben, bei seinem Menschen zu bleiben. Das Wichtigste bei dieser Übung ist eine angemessene Belohnung. Für das „Stopp" auf der Fährte ist ein Beuteobjekt, wie Spielzeug, Futterdummy oder einfach geworfenes Futter, genau das Richtige.

EIN BELIEBTES SPIELZEUG kann im Training zur Ersatzbeute werden.

EINE SCHLEPPLEINE ist beim Training jagender Hunde unentbehrlich.

Gerade wenn der Hund die Beute in die Nase bekommt oder sogar sieht, ist es wichtig, ihm eine attraktive Alternative zu bieten, wenn er stoppt.

Eine Absicherung durch die Leine oder Schleppleine ist im Trainingsmodus unbedingt notwendig. Die Leine wird dabei so verwendet, dass der Hund unter Beuteablenkung kurz vor dem Straffen der Leine das Kommando „Stopp" zugerufen bekommt und dann nicht weiterkommt. Dieses provozierte Anhalten wird dann gelobt/geclickt und mit dem Nonplusultra-Belohnungsspiel belohnt. Hierbei bieten sich Zerrspiele, Futterdummy-Apportieren oder Futtersuchspiele an. Wichtig ist, dass der Hund das Gefühl bekommt, ein tolles Jagderlebnis mit seinem Menschen zu bekommen, wenn er die andere Beute „links liegen" lässt.

Rufen und Pfeifen

Anhand der Übungen im Kapitel „Komm zu mir!" lernen die meisten Hunde zuverlässig heranzukommen. „Hobbyjäger" sind durch die richtige Auslastung und Bindung auch von Beutetieren wegzubekommen. „Richtige" Jäger allerdings hören auf den sonst perfekt klappenden Rückruf nicht mehr, wenn sie ein flüchtendes Beutetier treffen. Der Grund dafür ist, dass der Jagdinstinkt so tief sitzt, dass er auch durch gut trainierte Übungen

nicht zu stoppen ist. Hier wäre ein spezielles „Antijagdtraining" unter Anleitung durch einen Profi sinnvoll, damit dieser Beutereizinstinkt beherrschbar wird. Allerdings braucht manch ein vierbeiniger Jäger die Leine in Situationen mit potenzieller Beute lebenslang, denn Jagdverhalten kann man nicht abtrainieren, sondern im besten Fall umlenken.

„BESCHÜTZEN"

Hunde wurden auch deshalb so enge Begleiter des Menschen, weil sie dessen Hab und Gut verteidigen sollten. Auf diese Wachsamkeit wurde jahrhundertelang züchterisch selektiert. Deshalb zeigen viele Rassen und Mischlinge auch heute noch

Wichtig!

Der Einsatz von Stromhalsbändern zum Stoppen der Jagdlust stellt einen Verstoß gegen das Tierschutzgesetz dar.

Das Buddeln in Mäuselöchern ist vor allem auf Hundewiesen ein großes Risiko. Die Gruben sind gefährliche Stolperfallen, vor allem für spielende oder rennende Hunde. Hierdurch können schwerwiegende Verletzungen entstehen.

ein ausgeprägtes Territorialverhalten. Im „Revier", also auf den Straßen rund um das Zuhause, zeigen Hunde manchmal dieses Verhalten, indem sie vier- oder zweibeinige Nachbarn verbellen. Viele Hunde haben sogar richtige „Erzfeinde" unter ihren benachbarten Hunden. Auch wenn Hunde längere Zeit an einem Ort verbringen, wie z. B. auf einer Picknickdecke oder an einer Parkbank, kann es vorkommen, dass sie dieses Territorialverhalten zeigen.

TERRITORIALVERHALTEN MANAGEN

Auf dem Gassigang stört dieses „Beschützen", denn wer möchte schon, dass der Briefträger verbellt wird oder der Nachbarshund ständig angegiftet wird. Um den Hund davon abzuhalten, sollte er so wenig wie möglich Gelegenheit haben, sich territorial aufzuregen. Das Verbellen von Passanten hinter dem Gartenzaun oder durch die Fensterscheibe festigt lediglich die Feindbilder und der Hund wird stärker territorial. Aus seiner Sicht machen ja auch alle, was er möchte, nämlich sein Grundstück verlassen. In seinen Augen hat er sie durch sein Bellen vertrieben.

Der Mensch entscheidet

An der Leine unterwegs macht es Sinn, den Hund ähnlich wie beim „Antijagdtraining" mit Gehorsamsübungen („Schau", „Sitz") abzulenken. Die Übung „Platz-Bleib" sollten Sie so sicher trainiert haben, dass Ihr Hund auch liegen bleibt, wenn sein Erzfeind vorbeigeht. Eine super Belohnung für das Liegenbleiben und kleine Trainingsschritte sind die Voraussetzung für den Erfolg. Selbstverständlich sollte auch der Rückruf klappen.

Die gute Nachricht für alle, die einen Wachhund möchten: Durch diese Gehorsamsübungen wird der Hund seine Wachsamkeit nicht los. Denn diese kann man nicht aus den Genen löschen. Für alle anderen gilt, ähnlich wie beim unerwünschten Jagdverhalten: Kommen Sie Ihrem Hund in der Entscheidung zuvor und vermeiden Sie diese, indem Sie ihn frühzeitig aus der Verantwortung nehmen. Beispielsweise sollte der Hund nicht zwischen Ihnen und dem „Feind" stehen, sondern lieber hinter oder neben Ihnen.

HUNDE AUS DER NACHBARSCHAFT werde oft als Konkurrenz im Territorium betrachtet.

DURCH ABSTANDHALTEN und Führen auf der abgewandten Seite kann man gegensteuern.

Herumliegendes Essen und Anti-Giftködertraining

Viele Vierbeiner haben ein fotografisches Gedächtnis, wenn es darum geht essbare Schätze zu finden – manchmal ist der Hund schneller da, als wir es verhindern können. Das kann schnell gefährlich werden.

DIE UNBEKANNTE GEFAHR

Leider gibt es immer wieder Hundehasser, die Giftköder für Hunde auslegen. Oft kann auch ein gut erzogener Hund einem frischen Mettbällchen nicht widerstehen.

Herumliegendes Essen ist in den meisten Fällen nicht schädlich, aber auszuschließen ist es nicht. So können sogar Pferdeäpfel aufgrund von Entwurmungsmitteln, die dem Pferd verabreicht wurden, für den Hund vergiftet sein, obwohl diese sonst sogar probiotischen Wert haben. Nicht wenige Hunde lieben zudem menschlichen Kot, manche auch den von Hunden. Zwar läuft dieses auch als Koprophagie bezeichnete Verhalten unter Normalverhalten, stellt jedoch ein Infektionsrisiko und eine Belastung der Hund-Halter-Beziehung dar. Wenn die gute Spürnase auf Grillreste stößt, besteht auch noch die Gefahr einer Fremdkörperverletzung. Gerade gieriges Aufnehmen und hastiges Hinunterschlucken machen alle diese Situationen besonders gefährlich. Leider wird dieses „Hamstern" insbesondere durch die Annäherung durch uns Menschen provoziert, denn der Hund will sich schließlich „seinen Anteil sichern".

Hier kann man einige Übungen trainieren, um den Hund zum Umkehren, Ausgeben und Liegenlassen zu bewegen.

RÜCKRUF VON FUTTERVERLOCKUNGEN

Um realistisch an die Sache heranzugehen: Nur wer seinen Hund im Alltag zuverlässig zurückrufen kann, hat überhaupt eine Chance, den Hund vom „gefundenen Fressen" abzurufen. Deshalb ist es wichtig, den Rückruf (z. B. „Hier" oder Pfiff) intensiv zu trainieren. Zusätzlich kann man im Training Futterverlockungen einbauen, von denen man den Hund abruft. Beispielsweise kann man einen Helfer mit Futter in der Hand anweisen, den Hund damit wegzulocken. Beim Rufen bzw. Pfeifen soll der Hund nun zu Ihnen kommen und den Helfer stehen lassen. Ohne Helfer kann man Futter hinter anderen Barrieren (z. B. Zaun, Fußgitter) verstecken und dann trainieren, den Hund davon abzurufen. Wichtig ist es in allen Übungen, dass der Hund auf keinen Fall an das Köderfutter herankommen darf und zum Erfolg kommt. Stattdessen muss er sein absolutes Lieblingsleckerli bekommen, wenn er sich seinem Menschen zuwendet. Das Liegenlassen des Köderfutters muss sich im wahrsten Sinn des Wortes für den Hund lohnen!

VERWEIGERN, WARTEN, VERLOCKUNGEN ANZEIGEN

Eine besonders wertvolle Übung ist es, dem Hund beizubringen, gefundene „Schätze" mit seinem Besitzer zu teilen. Hiermit ist nicht gemeint, dass Sie Ihrem Hund die Beute aus dem Fang reißen

sollen. Die Mehrheit aller Hunde reagiert darauf nämlich mit Weglaufen, hektischem Hinunterschlucken oder Knurren. Eine viel bessere Methode ist es, den Hund im felsenfesten Glauben zu erziehen, dass immer etwas Besseres für ihn herausspringt, wenn er Ihnen die Beute zeigt, statt sie aufzunehmen.

Hierzu nehmen Sie auf den Gassigang am besten immer eine „angemessen attraktive Verlockung" (Brötchen, Kauknochen, Würstchen etc.) und ein besseres oder zumindest gleichwertiges Leckerli (Stichwort „Supersuperleckerli") mit. Die Verlockung „verlieren" Sie unterwegs und

DAMIT DER HUND gefundenes Fressen liegenlässt, wird schon das Hinschauen mit Click und Superleckerli belohnt.

führen Ihren Hund dann zufällig darauf zu. Sobald Ihr Hund die Witterung aufnimmt, holen Sie Ihre Superbelohnung aus der Tasche und warten darauf, dass Ihr Hund sich Ihnen zuwendet. (In hartnäckigen Fällen ist Knistern mit der Leckerlitüte erlaubt.) Achten Sie dabei darauf, dass der Hund die Verlockung im Zweifelsfall auf gar keinen Fall erreichen kann (Leinenlänge!).

VON DER ÜBUNG ZUM ALLTAG

Je besser die Übung klappt, desto weniger müssen Sie diese mit der Leine absichern. Anfangs ist es sinnvoll, den Hund, notfalls durch Blockieren mit dem Fuß oder durch Dazwischenstellen, daran zu hindern, das Futter aufzunehmen. Je häufiger und erfolgreicher Sie dies trainieren, desto zuverlässiger wird Ihr Hund „nachfragen", also auf Ihre Aktion warten. Belohnen Sie lieber 1000-mal das Liegenlassen, als dass Ihr Hund nur einmal

HERUMLIEGENDES FUTTER wird von den meisten Hunden sofort gierig aufgefressen.

einen Giftköder aufnimmt. Wenn der Hund das Apportieren beherrscht, also zuverlässig „Aus" gibt, kann man dem Hund Kauknochen und harte Brötchen zum Apportieren auslegen. Je häufiger Ihr Hund das Abgeben von diesen Ressourcen im Tausch gegen eine Belohnung übt, desto besser wird das „Aus" im Notfall klappen.

Auch alle realen Futterreize (Grillreste etc.) kann man so gegentrainieren, vorausgesetzt, man sieht sie in der Trainingsphase zeitgleich oder besser noch bevor der Hund dies tut.

GIFTKÖDERALARM

Wenn der Verdacht besteht, dass Hundehasser in Ihrer Gegend Giftköder ausgelegt haben, ist es hilfreich, wenn Ihr Hund bereits an einen Maulkorb gewöhnt wurde. Hierdurch kann der Hund kein bzw. weniger von dem Gift aufnehmen. Verwenden Sie auf keinen Fall einen engen Nylonmaulkorb, da der Hund damit gar nicht hecheln (also „schwitzen") kann. Stattdessen ist ein Plastikmaulkorb mit doppeltem Boden an der Schnauzenöffnung sinnvoll. An den Maulkorb muss der Hund über mehrere Wochen gewöhnt werden, indem er anfangs immer wieder für einen kurzen Moment mit Futter hineingelockt wird, ohne dass der Maulkorb zugemacht wird. Erst danach wird der Maulkorb für kurze Zeit aufgesetzt, während man dem Hund Futter durch die Ritzen steckt. Nach einer ausreichend langsamen Gewöhnung kann der Hund solch einen Maulkorb auch längere Zeit auf dem Gassigang tragen, ohne dass dieser stört.

[a]

[b]

[a] HERUMLIEGENDES ESSEN stellt für viele Hunde eine große Verlockung dar.

[b] DAS APPORTIEREN und freiwillige Hergeben sollte man mit Spielzeug vortrainieren.

[c] MIT AUSGELEGTEN KAUKNOCHEN kann man das Heranbringen trainieren.

[d] BEIM ABNEHMEN der Beute sollte man dem Hund ein Tauschleckerli anbieten.

[e] DAS ABGEBEN muss durch Lob und Belohnung honoriert werden.

[c]

[d]

[e]

Verheißungsvolle Orte – Spielwiese, Wasser & Co.

Es gibt Momente im Leben eines Hundes, in denen er „außer Rand und Band" ist und nur noch das „Eine" will - eine erzieherische Herausforderung!

ICH WILL, ALSO LASS MICH!

Die Erwartungshaltung, die ein Hund an bestimmte Orte und/oder Situationen hat, wird durch die bisherigen Erfahrungen geprägt. Auch wenn die meisten Gassigänge gesittet ablaufen, gibt es nicht wenige Hunde, die „durchdrehen", wenn sie einen See wittern, an der Hundewiese ankommen oder aber Spielzeuge (Bälle u. Ä.) sehen oder zumindest erwarten. Trifft diese Erwartung häufig ein, wird ein „verheißungsvoller Ort" daraus, mit dem der Vierbeiner in besonderer Weise „emotional verbunden ist".

SOVIEL GELASSENHEIT beim Anblick von Attraktionen ist bemerkenswert.

Auch viele Arbeitshunde, Rettungshunde oder solche, die im Hundesport geführt werden, sind kurz vor ihrem Einsatz unter dieser Hochspannung. Oft wird dann an der Leine gezerrt, gejault und gebellt, denn hier mischt sich die Vorfreude auf das tolle Erlebnis mit dem Frust, warten zu müssen. Würde man diesen Hunden geben, was sie wollen, sähe die Welt so aus: Sonnenbadende Menschen am Strand würden von Hunden überrannt, Fußballspiele durch ballfanatische Vierbeiner unterbrochen und Hundesportwettkämpfe würden zu Hundekämpfen. Damit das nicht passiert, ist es wichtig, dem Vierbeiner beizubringen, Frustration auszuhalten und nicht unkontrolliert impulsiv zu reagieren. Kurz gesagt geht es darum, den Hund nicht mit Bellen, Fiepen, Anspringen, Ziehen zum Ziel kommen zu lassen. Hier brauchen Sie gute Nerven, müssen sturer sein als Ihr Hund und manchmal mit „Situationsmanagement" nachhelfen.

SITUATIONEN ERKENNEN UND MANAGEN

Wie immer sollten Sie die Trainingsschritte strukturiert planen. Vor allem wenn der „Fanatismus" für Spielzeug, Wasser, Rennen etc. sehr ausgeprägt ist und deshalb vorhersagbar wird. Wenn Sie als Halter in der Lage sind, die emotionalen Ausbrüche Ihres Hundes vorherzusagen, können Sie diese auch verändern. Hierbei ist es wichtig, den Hund frühzeitig zu kontrollieren und ihm wenn möglich ein passendes „Ersatzverhalten" beizubringen.

NICHT IMMER können Hunde den Versuchungen des Alltags widerstehen.

DAMIT HUND UND MENSCH gemeinsam Spaß haben können…

…sollte auch der Gehorsam klappen.

BEISPIELE

Der Hund, der anderen das Spielzeug klaut, sollte angeleint werden, bevor er dies tut und ein anderes Spielzeug bekommen, damit er so seine Orientierung hin zum Besitzer lernt. Ein Hund, der im Auto dem Ziel aufgeregt entgegenschreit, sollte lernen, dass eine Fahrt nicht immer zum aufregenden Ziel führt. Stattdessen führt der Weg nur zum Supermarkt und zurück.

Der vierbeinige Bademeister sollte vor dem Sprung ins kühle Nass am Strand bestens belohnte „Fuß"- und „Sitz"-Übungen machen. Anleinen ist auch hier hilfreich, denn das Reinspringen auf „eigene Faust bzw. Pfote" soll er ja sein lassen.

SELBSTBEHERRSCHUNG

Im Alltag gibt es viele Möglichkeiten zum Üben der auch als Impulskontrolle bezeichneten Selbstbeherrschung. Grundsteine hierfür werden bereits im Welpenalter gelegt, wenn die Mutterhündin den Welpen den Hundeknigge vorliest. Dies macht sie z. B., indem sie vor den Welpen genüsslich einen Knochen zerkaut und den gierigen Kleinen deutlich macht: „Haltet euch fern!"

Die Kapitel des Hundeknigge, die wir unseren Vierbeinern vermitteln können, sind vom Konzept her ähnlich. Es geht darum, abwarten zu können. „Sitz-Platz-Bleib"-Übungen unter zunehmender Ablenkung sind hierfür hervorragend geeignet. Auch „Fuß" und „Schau" sind tolle Vorübungen für die besonderen Anlässe. Folgt der Hund den Kommandos bzw. geht er an lockerer Leine zu dem „verheißungsvollen Ort", bekommt er, was er möchte. Zerrt er hingegen an der Leine, bellt und jault, sollten Sie noch weiter mit weniger Ablenkung trainieren und diese Orte erst einmal meiden oder den Hund dort angeleint vorbeitrainieren.

Info

ÜBUNGEN ZUR IMPULSKONTROLLE

„SITZ" vor dem Rausgehen aus der Tür, beim Auftauchen von Passanten jeder Art, vor dem Ableinen, vor dem Werfen eines Spielzeugs, vor dem Herausspringen aus dem Auto, vor dem Sprung ins Wasser.

„PLATZ" beim Vorbeigehen anderer Hunde, an der Parkbank, beim Verstecken eines Suchgegenstandes.

„SCHAU", „FUSS" vorbei an attraktiven Reizen jeder Art; wichtig ist die angemessene Belohnung (Frequenz und Qualität).

Links Anett Seidensticker mit Podgi, rechts Sandra Bruns mit Jolla.

ÜBER DIE AUTORINNEN

Dr. Sandra Bruns ist Tierärztin und arbeitet seit 15 Jahren im Spezialgebiet der Verhaltensmedizin.
Sie leitet seit 2004 eine Hundeschule in Hannover, in der Hunde vom Welpenalter an über die Grunderziehung bis zu Beschäftigungskursen, wie Agility oder Nasenarbeit, trainiert werden. Hierbei geht es stets um das „Training für Hundebesitzer", denn im Mittelpunkt steht immer, dass der Halter selbst ein guter Trainer seines Hundes wird.

Anett Seidensticker besuchte mit ihrer Lagotto-Romagnolo-Hündin Podgi vom Welpenalter an regelmäßig die Hundeschule. Nach mehreren Jahren ist das Steckenpferd der beiden nun Nasenarbeit, aber auch Tricks und Agility sind ein beliebter Zeitvertreib.
Das Leben mit einem Familienhund, der sie im Alltag begleitet, ist für beide Autorinnen eine Herzensangelegenheit. Deshalb sind die Airedale-Terrier-Hündin Jolla von Sandra Bruns und Trüffelnase Podgi von Anett Seidensticker auch begeisterte Schülerinnen, deren Klassenzimmer auf dem Gassigang liegt.

ZUM WEITERLESEN AUS DEM KOSMOS VERLAG

Bruns, Sandra: **Das Hundebuch für Kids.** Verstehen, erziehen, spielen.

Doepp, Simone und Gabriele Metz: **Trick Dogs.** Coole Kunststücke für Hunde.

Führmann, Petra, Nicole Hoefs und Franzke, Iris: **Das große Kosmos Spiele- buch für Hunde.**

Hoefs, Nicole und Führmann, Petra: **Was liest der Hund am Laternenpfahl?** 140 Fragen und Antworten rund um den Hund.

Kitchenham, Kate und Orth, Heiner: **Hundeglück.** Gut versorgt, gut erzogen, beste Freunde.

Klüglich, Alina und Ströbele, Sibylle: **Hundesachen einfach selber machen.** Die schönsten Ideen aus Stoff und Holz.

Koring, Mel: **Clickertraining für Hunde.** Erfolgreich erziehen mit dem 8-Wochen- Plan.

Metz, Gabriele und Teschner, Ramona: **Body Talk.** Körpersprache für Hundehalter.

Metz, Gabriele und Schalke, Esther: **Hundeführerschein und Sachkunde- nachweis.** Mit Frage-Antwort-Katalog des VDH.

Rauth-Widmann, Brigitte: **Die Sinne des Hundes.** Wie Hunde ihre Welt wahrnehmen.

Schmidt-Röger, Heike: **Was denkt mein Hund?** Hundeverhalten auf einen Blick.

Toll, Claudia: **Kommt nicht, gibt's nicht.** So klappt der Rückruf bei jedem Hund.

Winkler, Sabine: **So lernt mein Hund.**

NÜTZLICHE ADRESSEN

Praxis für Verhaltensmedizin des Hundes Hundeschule Dr. med. vet. Sandra Bruns
Eschenbachstr. 1B
30629 Hannover
Tel.: 05 11/2 60 25 88
Tel.: 01 70/75 67 576
Fax: 05 11/26 02 587
E-Mail: info@training-fuer-hundebesitzer.de
www.Training-fuer-Hundebesitzer.de

BHV Berufsverband der Hundeerzieher/innen und Verhaltensberater/innen e. V.
65529 Waldems-Esch
Tel.: 0 61 92 - 9 58 11 36
E-Mail: info@hundeschulen.de
www.bhv-net.de

TASSO-Haustierzentralregister für die Bundesrepublik Deutschland e. V.
65784 Hattersheim
Tel.: 0 61 90/93 73 00
Fax: 0 61 90/93 74 00
E-Mail: info@tasso.net
www.tasso.net

Verband für das Deutsche Hundewesen VDH e. V.
Tel.: 02 31/56 50 00
www.vdh.de

Österreichischer Kynologenverband ÖKV
Tel.: 00 43/22/3 671 06 67
www.oekv.at

Schweizerische Kynologische Gesellschaft SKG
Tel.: 00 41/31/3 06 62 62
www.skg.ch

REGISTER

BILDNACHWEIS

170 Farbfotos wurden von Daniela Drews/Kosmos extra für dieses Buch aufgenommen.
Weitere Farbfotos von: Kathrin Jung/Kosmos (11: S. 28, 90, 91, 102, 103, 105li, 105re, 106, 120, 121, 128), Heike Schmidt-Röger/Kosmos (1: S. 129), Anett Seidensticker (7: S. 88oli, ore, Mitte, 130oli, 130ore, 131, 132) und Sabine Stuewer/Kosmos (7: S. 60, 61, 126).

IMPRESSUM

Umschlaggestaltung von GRAMISCI Editorialdesign unter Verwendung von Farbfotos von Oliver Giel (Umschlagvorderseite) und Heike Schmidt-Röger/Kosmos (Umschlagrückseite).

Mit 196 Farbfotos

Unser gesamtes Programm finden Sie unter **kosmos.de.**
Über Neuigkeiten informieren Sie regelmäßig unsere Newsletter, einfach anmelden unter **kosmos.de/newsletter**

Gedruckt auf chlorfrei gebleichtem Papier

© 2015, Franckh-Kosmos Verlags-GmbH & Co. KG, Stuttgart.
Alle Rechte vorbehalten
ISBN 978-3-440-14294-3
Redaktion: Ute-Kristin Schmalfuß
Gestaltungskonzept: GRAMISCI Editorialdesign, München
Gestaltung und Satz: Atelier Krohmer, Dettingen/Erms
Produktion: Eva Schmidt
Printed in Germany / Imprimé en Allemagne

FSC
www.fsc.org
MIX
Papier aus ver-
antwortungsvollen
Quellen
FSC® C110508